Mohammad Kaleem Galamali

Investigar os efeitos da tecnologia nos desafios éticos

Mohammad Kaleem Galamali

Investigar os efeitos da tecnologia nos desafios éticos

Perspectivas de uma orientação académica sobre o método de estudo dos efeitos da tecnologia na ética

ScienciaScripts

Imprint

Cover image: www.ingimage.com

This book is a translation from the original published under ISBN 978-620-8-06541-6.

Publisher:
Sciencia Scripts
is a trademark of
Dodo Books Indian Ocean Ltd. and OmniScriptum S.R.L publishing group

120 High Road, East Finchley, London, N2 9ED, United Kingdom
Str. Armeneasca 28/1, office 1, Chisinau MD-2012, Republic of Moldova, Europe
Printed at: see last page
ISBN: 978-620-8-14372-5

INVESTIGAÇÃO DOS EFEITOS DA TECNOLOGIA SOBRE OS DESAFIOS ÉTICOS.

UMA PERSPECTIVA DE ORIENTAÇÃO ACADÉMICA SOBRE O MÉTODO DE ESTUDO DOS EFEITOS DA TECNOLOGIA NA ÉTICA.

DR MOHAMMAD KALEEM GALAMALI

AGRADECIMENTOS

Escrever um manuscrito é uma aventura nobre, especialmente quando o tema em si, ou seja, a ética, está em consonância com a nobreza e os desafios da sociedade. Um trabalho tão construtivo exige, sem dúvida, o apoio e o encorajamento incessantes das pessoas próximas do autor. Só depois de concluído o manuscrito é que se pode sentir a profundidade da realização.

Sendo crente, considero fundamental agradecer sinceramente a Deus pelos Seus intensos favores ao longo da minha vida e dos meus empreendimentos de investigação. Estou profundamente grato à minha mulher pelo apoio contínuo em casa para este trabalho de investigação, pelo brainstorming, pelas críticas pertinentes e pelo cuidado com os nossos três filhos. Um agradecimento especial aos meus pais por nos ajudarem a tomar conta dos nossos filhos durante os dias de trabalho e por todos os outros favores que nos concedem.

Os meus agradecimentos excepcionais vão para os meus orientadores de doutoramento, Professor Dr. Nawaz Ali Mohamudally e Professor Dr. Nimal Nissanke, pelas suas sessões muito dedicadas de aconselhamento e orientação. Um agradecimento especial a todos os meus alunos, que assistiram às minhas aulas de Ética e contribuíram com questões e críticas importantes que tornaram possível esta tarefa.

"A ética é pré-determinada e uma questão de descoberta, não um conceito evoluído." - Simon Conway Morris.

Dr. Mohammad Kaleem GALAMALI (PhD), Académico - Pensador visionário.
República da Maurícia, setembro de 2024
Correio eletrónico: mkaleemg@gmail.com

RESUMO

A ética é um termo historicamente antigo que remonta aos antigos gregos e egípcios [1]. É, no entanto, concebível que a noção tenha existido desde os primórdios da humanidade, tal como retratada em múltiplas religiões e contos folclóricos, e que, por conseguinte, tenha sido uma luta contínua desde então. Basicamente, a noção de ética tem a ver com fazer o bem em vez do mal e cultivar os atributos humanos da virtude e do bom carácter a todos os níveis da existência humana, incluindo pessoal, social, religioso, profissional, familiar e qualquer outra faceta da vida. Por conseguinte, o termo, na sua essência, não está desatualizado. Foram concebidos vários termos para aplicar a ética, como "Moralidade", "Honra" e "Em nome do Bem", entre outros, definidos em várias línguas e reflectidos por pessoas sábias ao longo de várias gerações. A caraterística comum sobre a qual os vários matizes da ética estão de acordo é fazer as coisas corretamente, reconhecendo que fazer o mal irá gerar múltiplas formas de sofrimento. Uma linha de base comum tem sido "Evitar prejudicar os outros!". Na sua essência, estes atributos de fazer as coisas bem devem refletir-se nas actividades quotidianas, incluindo os negócios diários, uma vez que os negócios são o meio predominante de funcionamento deste mundo. Assim, é crucial estudar e compreender a ética no local de trabalho nas proporções corretas e os efeitos da tecnologia no nosso ambiente de trabalho atual. Por outro lado, a tecnologia, por mais modernizada que esteja a parecer, apesar de ser bastante recente, tem vindo a desenvolver-se a um ritmo avassalador e a mudar os modos de vida e os métodos de trabalho de muitas pessoas e comunidades em geral. A maioria dos agregados familiares dos países desenvolvidos e em desenvolvimento está fortemente equipada com máquinas e aparelhos. A máquina de lavar roupa, o forno de micro-ondas, o frigorífico, o congelador, os computadores/smartphones com Internet, entre muitos outros, são considerados os elementos básicos da sociedade moderna. No entanto, as preocupações com a tecnologia enquanto fator positivo para a sociedade estão a evoluir continuamente e não se resolvem como um todo. Embora as potencialidades da tecnologia continuem a ser grandes, a luta por uma vida ética ainda não terminou. Pelo contrário, muitos consideram-na uma preocupação crescente, ao ponto de resultar em más práticas e mesmo em guerras. A tecnologia está a trazer novas formas de poder, que está a ser distribuído pelas mãos de muitas pessoas, incluindo idosos, homens, mulheres, crianças e até animais de estimação (mediante treino). É claro que esta distribuição de poder está longe de ser uniforme. É necessário estudar a ética ao longo da tecnologia, uma vez que cada peça de tecnologia traz novas formas significativas de poder e, por conseguinte, de acordo com a citação de Larry Niven "A ética muda com a tecnologia", as mudanças trazidas por cada peça de tecnologia devem ser bem delimitadas, pelo menos a nível académico. Os objectivos de tais estudos continuam a ser o melhoramento da sociedade em geral. Este trabalho é uma continuação de dois manuscritos anteriores intitulados "Investigating Effects of Technology in Ethics Basics & Applications - An Academic Guidance Perspectives on Method of Studying Effects of Technology onto Ethics" [8] e "Investigating Effects of Technology in Ethics at Workplace - An Academic Guidance Perspectives on Method of Studying Effects of Technology onto Ethics" [9].

Neste manuscrito, é referenciado o livro ***"Business Ethics Tutorial", disponível para compra em versão PDF em*** *https://www.tutorialspoint.com/business_ethics/business_ethics_pdf_version.htm , mais precisamente a unidade 4, ou seja, Desafios Éticos. A metodologia aqui aplicada consiste em ler nas entrelinhas das notas pregadas nesse manual, e formular/extrair e adaptar questões relativas à ética no que diz respeito a uma determinada tecnologia em estudo. É claro que todas as questões assim propostas podem não ter a mesma aplicabilidade para cada tecnologia em estudo: algumas questões podem ser mais pertinentes para uma tecnologia, enquanto outras podem ser mais pertinentes para outras tecnologias. Este elemento deve ser ponderado aquando do estudo da tecnologia escolhida. Por conseguinte, recomenda-se aos leitores que leiam este manuscrito juntamente com o manual de ética empresarial da tutorialspoint.*

Exemplos de possíveis tecnologias a estudar incluem: A Internet, a conetividade com fios, a conetividade sem fios, as compras em linha, os telefones inteligentes, os sistemas de informação de gestão, o marketing na Web, os multimédia, o correio eletrónico, o fluxo contínuo de multimédia, a compressão de dados, o armazenamento de dados, a criptografia, a prospeção de dados e a inteligência artificial, entre muitos outros.

Este manuscrito enquadra-se, portanto, como um trabalho de orientação académica que ajuda académicos, estudantes, investigadores e juristas a estudar uma tecnologia nas suas intrincadas implicações de ética empresarial. Trata-se de um trabalho autónomo, embora haja influência de trabalhos anteriormente publicados sobre outras componentes da ética [2][3][4][5][8][9].

GLOSSÁRIO

ACM	Association of Computing Machinery.
AI	Artificial Intelligence.
CD	Compact Disk.
CMS	Content Management System.
CSR	Corporate Social Responsibility.
DRM	Digital Rights Management.
DVD	Digital Video Disk.
HR	Human Resource.
ICT	Information and Communication Technologies.
IEEE	Institute of Electrical and Electronic Engineering.
KBS	Knowledge Management System.
R&D	Research and Development.
SDG	Sustainable Development Goals.
SME	Small and Medium Enterprises.
UN	United Nations.

PUBLICAÇÕES ANTERIORES RELACIONADAS

1. ***Dr. Galamali Mohammad Kaleem,*** *"The Clash of Introductory Academic Artificial Intelligence With Ethics - An Academic Analysis Perspective for Identifying Ethics Conflicts and Challenges in AI",* ***LAP LAMBERT Academic Publishing - membro do grupo OmniScriptum S.R.L Publishing, Moldávia, 22 de janeiro de 2023,*** *ISBN :* ***978- 620-5-63298-7***
2. ***Dr. Galamali Mohammad Kaleem,*** *"Fears and Worries With Biases in Artificial Intelligence - An Academic Perspective for Ethical analysis of biases Possible with AI",* ***LAP LAMBERT Academic Publishing - membro do grupo OmniScriptum S.R.L Publishing, Moldávia, 23rd April 2023,*** *ISBN :* ***978-620-6-15783-0***
3. ***Dr. Galamali Mohammad Kaleem,*** *"Shifting Business Ethics into Era of Technology - An Academic Perspective for Ethical analysis of biases Possible with AI",* ***LAP LAMBERT Academic Publishing - membro do grupo OmniScriptum S.R.L Publishing, Moldávia, 27 de agosto de 2023,*** *ISBN :* ***978-620-6-78002-1***
4. ***Dr. Galamali Mohammad Kaleem,*** *"Ethics Analysis of 3 "Principles of Business Ethics" in Technology Era - Analysing "Service Before Profit", "Practice of Fair Business" and "Avoiding Monopoly"",* ***LAP LAMBERT Academic Publishing - membro do grupo OmniScriptum S.R.L Publishing, Moldávia, 13 de novembro de 2023,*** *ISBN :* ***978-620- 6-84504-1***
5. ***Dr. Galamali Mohammad Kaleem,*** *"Ethics Analysis of Fulfilling Customer's Expectation in Technology Era - An Academic Analysis Perspective for Identifying Business Ethics Conflicts and Challenges",* ***LAP LAMBERT Academic Publishing - membro do grupo OmniScriptum S.R.L Publishing, Moldávia, 21 de novembro de 2023,*** *ISBN :* ***978-620- 6-84672-7***
6. ***Dr. Galamali Mohammad Kaleem,*** *"Ethics Analysis of Respecting Consumers' Rights in Technology Era - An Academic Analysis Perspective for Identifying Business Ethics Conflicts and Challenges",* ***LAP LAMBERT Academic Publishing - membro do grupo OmniScriptum S.R.L Publishing, Moldávia, 30 de novembro de 2023,*** *ISBN :* ***978- 620-7-44902-6***
7. ***Dr. Galamali Mohammad Kaleem,*** *"Ethics Analysis of Consumers' Right to Choose in The Technology Era - An Academic Analysis Perspective for Identifying Business Ethics Conflicts and Challenges",* ***LAP LAMBERT Academic Publishing - membro do grupo OmniScriptum S.R.L Publishing, Moldávia, 04 de janeiro de 2024,*** *ISBN :* ***978-620- 7-45708-3***

8. Dr. Galamali Mohammad Kaleem, *"Extending The Right to Choose in The Technology Era - An Academic Analysis Perspectives for People's and Business Needs to Identify Ethics Conflicts/Challenges"*, **LAP LAMBERT Academic Publishing - membro do grupo OmniScriptum S.R.L Publishing, Moldávia, 10 de janeiro de 2024,** *ISBN :* **978-620- 7-45727-4**

9. Dr. Galamali Mohammad Kaleem, *"Investigating Effects of Technology in Ethics Basics & Applications - An Academic Guidance Perspectives on Method of Studying Effects of Technology onto Ethics"*, **LAP LAMBERT Academic Publishing - membro do grupo OmniScriptum S.R.L Publishing, Moldávia, 11 de março de 2024,** *ISBN :* **978-620-7- 47060-0.**

10. Dr. Galamali Mohammad Kaleem, *"Investigating Effects of Technology in Ethics at Workplace - An Academic Guidance Perspectives on Method of Studying Effects of Technology onto Ethics"*, **LAP LAMBERT Academic Publishing - membro do grupo OmniScriptum S.R.L Publishing, Moldávia, 30 de abril de 2024,** *ISBN :* **978-620-7- 48753-0.**

ÍNDICE DE CONTEÚDOS

CAPÍTULO 1
DESAFIOS AMBIENTAIS

1.1 Resumo dos desafios ambientais.

As questões éticas surgem em todas as fases da atividade empresarial. De que forma é que a tecnologia se infiltrou nas fases em causa da atividade empresarial nos tempos modernos? Terá a tecnologia criado novas fases ou mesmo eliminado ou modificado algumas fases da atividade empresarial? A tecnologia criou clivagens entre o sector público e o sector privado no que diz respeito aos métodos empresariais? Quais são as principais opiniões do público sobre as questões éticas relacionadas com a tecnologia nas empresas? Como é que o elemento de utilização da tecnologia nas empresas tem evoluído ao longo do tempo e das sucessivas gerações? Quais foram os principais avanços da tecnologia em diferentes níveis de atividade, como o local, o regional, o nacional e o internacional? Que perturbações causou a tecnologia nas normas geralmente aceites pelas empresas e pela sociedade? Qual o grau de perturbação que a tecnologia causou ao ambiente? Quais foram as evoluções da aplicação da tecnologia na ética do ambiente?

1.2 Ética, economia e política.

- É hoje um facto aceite que existe uma relação integral entre a ética, a economia e a política. Como é que a tecnologia se insere no tecido das relações entre ética, economia e política? Quais são os aspectos primordiais da tecnologia em relação aos seguintes aspectos?

i. Ética.

ii. Economia.

iii. Política.

Explicar a necessidade de estudar as três tecnologias acima referidas numa abordagem integrada? Quais são as razões que poderiam ser defendidas para estudar a tecnologia em silos? Até que ponto, de facto, a tecnologia foi desenvolvida ou progrediu em silos e, correspondentemente, até que ponto progrediu como uma abordagem integrada ou mesmo como um esforço internacional? Quais são as preocupações pertinentes de cada uma das três caraterísticas acima referidas no desenvolvimento da tecnologia? Quais são as principais preocupações da auditoria no que diz respeito à relação integral entre ética, economia e política no desenvolvimento da tecnologia? Existem estudos de caso pertinentes sobre o assunto? Como é que os vários actores da economia mundial encaram este elemento de estudo da abordagem integrada do estudo da ética, da economia e da política?

- A economia é o estudo da procura individual de prosperidade através dos mercados. Existem três dimensões do objetivo económico de prosperidade, que são a eficiência, o crescimento e a estabilidade. De que forma é que a tecnologia afecta o estudo da busca individual da prosperidade através dos mercados? Como é que a tecnologia se insere nos tecidos dos mercados? Quais foram os marcos decisivos na utilização da tecnologia para moldar os mercados ao longo de sucessivas gerações? Quais são as principais perturbações que a tecnologia trouxe ao mercado? Quais as principais alterações que a tecnologia introduziu no mercado? Quais são as principais mudanças que a tecnologia trouxe nas formas de educação sobre os mercados em diferentes instituições, como escolas secundárias e universidades? Como se espera que seja o futuro dos diferentes sectores do mercado com a tecnologia? Existem estudos de caso relevantes sobre a utilização da tecnologia e os diferentes sectores do mercado? Como é que as várias categorias de pessoas percepcionam a importância e a utilização da tecnologia nos mercados? Quais foram os impactos diretos no ambiente da utilização da tecnologia nos mercados?
- Há três dimensões do objetivo económico da prosperidade que são:

i. Eficiência.

ii. Crescimento

iii. Estabilidade

Como é que a tecnologia afectou cada uma destas dimensões do objetivo económico da prosperidade? A tecnologia trouxe novas formas de objectivos de prosperidade para além dos económicos? A tecnologia introduziu outras dimensões do objetivo económico da prosperidade na sociedade? Qual o grau de perturbação que a tecnologia trouxe às noções de prosperidade como um todo na sociedade ou mesmo em diferentes países? Como é que os governos e os principais intervenientes na economia encaram a utilização da tecnologia ao longo destas dimensões do objetivo económico da prosperidade? Como é que os trabalhadores das organizações e as pessoas em geral percepcionam a utilização da tecnologia ao longo destas dimensões dos objectivos económicos de prosperidade? Que caraterísticas e facilidades trouxe a tecnologia para o controlo/monitorização e auditoria das caraterísticas nos mercados globais e locais? Como é que estas dimensões, juntamente com a tecnologia, moldaram as estruturas de mercado e as caraterísticas do emprego? Como é que essa tecnologia moldou a concorrência em diferentes mercados em todo o mundo? Quais são os impactos da abordagem destas diferentes dimensões do objetivo económico da prosperidade no ambiente? Ou será que a tecnologia está a ter impactos corretivos no ambiente para consequências anteriormente indesejadas?

- A política diz respeito à procura de justiça por parte da comunidade através do governo. O objetivo da sua justiça tem três dimensões:

i. Liberdade individual.

ii. Equidade na distribuição de benefícios e encargos.

iii. Ordem social.

Como é que a tecnologia influenciou os métodos da política local, regional e internacional em vários países? A tecnologia trouxe novas perspectivas ou conotações ao elemento de justiça através do governo? A tecnologia trouxe novos meios de monitorização e auditoria das actividades políticas? Terá a tecnologia trazido novas formas de comunicação e arquivo das actividades políticas? Mais precisamente, quais são as comodidades que a tecnologia proporcionou aos vários partidos políticos, incluindo o governo, a oposição e os políticos independentes? Como é que a tecnologia influenciou em cada dimensão o objetivo da justiça? A tecnologia alterou a importância de cada dimensão do objetivo da justiça? Quais são as opiniões das pessoas do jornalismo sobre a questão da política com a utilização da tecnologia? Quais são as opiniões das pessoas em geral sobre a questão da utilização da tecnologia na política? Existem estudos de caso bem documentados sobre a questão da utilização da tecnologia e da política? Os métodos de utilização da tecnologia na política provocaram alguma perturbação social/societal? Os métodos de utilização da tecnologia na política provocaram perturbações no ambiente?

- O ambiente económico e político pode tanto ajudar como distrair o processo de aplicação da ética. A ética que não tem o apoio da economia e da política não tem meios para atingir os fins da comunidade. Quais são os meios que a tecnologia proporciona ao nível do ambiente económico e político para ajudar ou distrair o processo de aplicação da ética? Quais são os meios através dos quais a tecnologia permite o entrelaçamento do ambiente económico e político para apoiar a ética? Que outros meios fornece a tecnologia para atingir os objectivos comunitários a nível da ética? A tecnologia influencia a força de vontade política para alcançar objectivos comunitários específicos? Quais são as opiniões dos principais intervenientes políticos, dos jornalistas e do povo em geral sobre o poder da tecnologia para proporcionar a confluência do ambiente económico e político, a fim de proporcionar apoio ético para alcançar os objectivos da comunidade?

1.3 Local de trabalho - Questões de segurança.

As empresas precisam de conhecer as obrigações legais relacionadas com a segurança no local de trabalho. Trata-se de uma parte muito importante da ética empresarial e o desconhecimento das regras pode revelar-se mais dispendioso do que normalmente se pensa. Como é que a tecnologia permite que as empresas conheçam as obrigações legais relacionadas com a segurança no local de trabalho? Como é que a tecnologia permite que os empresários estejam conscientes das questões de segurança no local de trabalho e as ajudem? Como é que a tecnologia permite a deteção/prevenção de problemas de segurança no local de trabalho? Como é que a tecnologia permite a resolução atempada de problemas de segurança no local de trabalho? Existem estudos de caso relevantes sobre o facto de a tecnologia ajudar ou não ajudar nas questões de segurança no local de trabalho? Como é que as auditorias, os governos e os organismos reguladores percepcionam a utilização da tecnologia em questões de segurança no local de trabalho? Como é que as pessoas em geral percepcionam a utilização da tecnologia em questões de segurança no local de trabalho em diferentes países e instituições?

1.3.1 Responsabilidade jurídica.

Prejudicar clientes ou membros do público pode fazer com que se seja responsável por danos. As organizações devem atuar de forma legal para resolver as questões jurídicas. Se não tiverem conhecimento dos resultados legais, podem deixar de ser uma organização líder nos seus sectores. Quais são os meios através dos quais a tecnologia pode prejudicar clientes ou membros do público? Terá a tecnologia introduzido novas formas de prejudicar os clientes que anteriormente não existiam? Ou será que a tecnologia reforçou as formas existentes de tais meios prejudiciais? Ou, mais uma vez, a tecnologia proporcionou proteção contra os meios existentes de prejudicar os clientes? Quais são os estudos de caso relevantes nesta matéria? Como é que a situação evoluiu ao longo do tempo e nos vários países relativamente à tecnologia? Quais são as opiniões de pessoas-chave como os clientes, os gestores de empresas, os advogados, os jornalistas e os académicos sobre esta matéria? Em que medida estes danos, ou seja, a responsabilidade por danos, dizem respeito ao ambiente? Que poder têm os organismos de auditoria e de regulação para evitar esses danos? Que meios proporciona a tecnologia às organizações para actuarem de forma legal na resolução de questões jurídicas? Como é que a tecnologia ajuda a detetar problemas jurídicos em primeiro lugar? A tecnologia melhora a qualidade da resolução dos problemas? Que grau de automatização ou mesmo de IA e que grau de intervenção humana é normalmente exigido pela tecnologia para ajudar a resolver essas questões jurídicas? Discutir estudos de casos adequados sobre a tecnologia aplicada para ajudar nas questões jurídicas? Quais são as opiniões predominantes dos principais actores da economia de vários países sobre a utilização da tecnologia para resolver as questões jurídicas apresentadas? Por outro lado, existem estudos de casos sobre a aplicação da tecnologia para agravar questões jurídicas ou mesmo para causar danos às pessoas em geral? Como é feita a auditabilidade da aplicação da tecnologia para ajudar nas questões legais? Como é que os trabalhadores e os clientes percepcionam a eficácia da tecnologia na resolução de questões jurídicas?

- Como é que a tecnologia pode contribuir para que os empresários e os empregados tomem conhecimento dos resultados jurídicos? Como é que a tecnologia pode ser aplicada para um acompanhamento e arquivo adequados dos resultados jurídicos sucessivos ou acumulados de vários casos enfrentados pela empresa? Pode a tecnologia ser utilizada para examinar ou mesmo prever as possíveis consequências dos processos judiciais da empresa? A tecnologia fornece meios para verificar ou mesmo validar as análises propostas pelas comodidades tecnológicas? Existem estudos de caso relevantes sobre estas matérias? Como é que estas funcionalidades têm vindo a evoluir ao longo do tempo e das sucessivas versões da tecnologia? Quais são as opiniões predominantes de pessoas-chave sobre o assunto? Em que medida esta consciência dos resultados jurídicos diz respeito ao ambiente? Quais são as caraterísticas predominantes da tecnologia que proporcionam vantagens competitivas no que respeita ao ambiente e a outras questões éticas em causa? Quais são as opiniões influentes predominantes das pessoas sobre a questão da vantagem competitiva da tecnologia? A tecnologia contribui para o desenvolvimento ou mesmo para a auto-evolução de outras vantagens competitivas dos activos da organização? A possibilidade de IA está associada aos conceitos de tais vanguardas da tecnologia? Quais são os estudos de caso em causa sobre as caraterísticas de ponta da tecnologia? Como se procede efetivamente à identificação desses elementos de vanguarda da tecnologia? Existem efeitos indesejáveis destes elementos de vanguarda ao longo da tecnologia? Como é efectuado o acompanhamento e a auditoria destes elementos de vanguarda ao longo das investigações tecnológicas? Como é que os trabalhadores percepcionam a eficácia das capacidades de ponta da tecnologia? Como é que a tecnologia ou outras peças tecnológicas podem ajudar a avaliar os níveis de impacto de cada um desses elementos de vanguarda identificados? Como é que se detecta exatamente a falha de uma vantagem competitiva? Quais são as preocupações jurídicas correspondentes a essas caraterísticas de vanguarda nos diferentes países? Como é que estas preocupações jurídicas têm vindo a evoluir ao longo dos anos? Quais são as futuras preocupações jurídicas previstas?

1.3.2 Problemas de imagem

- A reputação e a imagem de uma empresa é um fator muito importante para a organização. Pode fazer ou desfazer uma empresa. Está provado que quanto maior for a reputação, maiores serão os lucros. Por conseguinte, os problemas de imagem associados aos processos judiciais são muito importantes para as organizações. Como é que a tecnologia permite moldar a reputação e a imagem de uma empresa? Como é que a tecnologia permite aferir a importância da reputação e da imagem de uma empresa? Como pode a tecnologia ajudar a monitorizar as flutuações da reputação e da imagem de uma empresa? Consequentemente, como pode a tecnologia ajudar a controlar ou mesmo corrigir os problemas de reputação e imagem de uma empresa? Partindo deste raciocínio, pode a tecnologia ser aplicada para prejudicar tácita e propositadamente ou mesmo sobrevalorizar a reputação e a imagem de uma empresa, quer seja considerada do ponto de vista da própria empresa ou de uma empresa concorrente/externa? Poderão estas manobras de correção ou mesmo de prejuízo de uma empresa ser automatizadas ou mesmo controladas pela IA? Há outras comodidades tecnológicas que influenciam estas noções de reputação e imagem? Como pode a tecnologia permitir uma análise judiciosa, exacta e atempada das questões de reputação e imagem de uma empresa? Existem estudos de caso relevantes sobre a ajuda e a relevância da tecnologia em questões de reputação e imagem? Como é que os organismos responsáveis, como o governo, os organismos de auditoria e os organismos reguladores, encaram a tecnologia em relação aos problemas de reputação e imagem? Como é que as pessoas em geral percepcionam a utilização da tecnologia em questões de reputação e imagem de uma empresa? Como é que essas percepções evoluíram ao longo do tempo e nos vários países do mundo? Pode a tecnologia ser utilizada para prever de forma fiável a evolução futura de elementos de cenários de reputação e imagem? As caraterísticas da tecnologia podem ser orientadas para a criação de uma vantagem competitiva para a empresa? Em que medida é que as caraterísticas tecnológicas em torno da reputação e da imagem de uma empresa respeitam o ambiente e outras questões éticas? Existem parâmetros de referência fiáveis para avaliar a reputação e a imagem com a tecnologia?

- Existem estudos de casos concretos em que a tecnologia tenha feito a diferença entre uma empresa e outra?

Em caso afirmativo, quais são as caraterísticas proeminentes da tecnologia que causaram esses efeitos?

- Apesar de estar provado que mais reputação leva a mais lucros, quais são as opiniões predominantes das pessoas sobre a questão dos lucros? Existem razões modernas ao longo da tecnologia para apoiar esta noção, ou mesmo para a negar? Normalmente, não é o caso das PME; como está a evoluir esta noção nas PME ou mesmo ao longo do programa ODS da ONU? Existem estudos de caso apoiados sobre o assunto?
- Quais são as disposições legais em diferentes países para sustentar os elementos de reputação e imagem de uma empresa? Como se prevê o desenvolvimento futuro das leis relativas a esta matéria no mercado mundial?

1.3.3O alcance da lei.

- Normalmente, os governos estabelecem regras e procedimentos para os processos empresariais. As empresas que não seguem as diretrizes enfrentam frequentemente grandes multas ou penalizações. A violação da lei pode levar a batalhas legais dispendiosas, que podem ser bastante maiores do que o custo de manter as normas legais. Além disso, os executivos das empresas que infringem a lei e se envolvem em comportamentos pouco éticos podem ver-se confrontados com acusações criminais.
- A tecnologia pode ser utilizada pelo governo para ajudar a estabelecer regras e procedimentos para as empresas? Pode a tecnologia ser utilizada pelas empresas para contornar as regras e procedimentos estabelecidos para processos comerciais corretos? Como pode a tecnologia ser aplicada para monitorizar a conformidade das empresas com as regras e os procedimentos? Como é que a tecnologia pode ajudar a avaliar a eficácia e a validade das regras e procedimentos estabelecidos para os processos empresariais? No caso de essa

eficácia ser considerada insuficiente, pode a tecnologia ajudar a aperfeiçoar essas regras e procedimentos? Como pode a tecnologia ajudar a equilibrar a concorrência entre empresas no que respeita a regras e procedimentos? Essas regras e procedimentos podem ser formulados pela IA? Qual é a probabilidade de essas regras e procedimentos se tornarem tendenciosos? Como é que outras amenidades tecnológicas podem influenciar as noções de regras e procedimentos? Com que regularidade é que a tecnologia permite a revisão das regras e procedimentos existentes nas empresas? Quais são os fundamentos da análise dessas regras e procedimentos? Como é que a tecnologia pode ajudar em casos de múltiplos relatórios conflituosos de tais análises? Em termos mais simples, como pode ser efectuada a arbitragem de tais conflitos? Para além do governo, que outras organizações podem ser envolvidas nesse estabelecimento de regras e procedimentos? Quais são as opiniões predominantes e influentes de vários actores da economia mundial sobre esta matéria? Em que medida é que os elementos das regras e procedimentos respeitam o ambiente e outras questões éticas circundantes? Quais são os estudos de caso relevantes em que a tecnologia está envolvida nas considerações relativas às regras e procedimentos das empresas? Como é que estas regras e procedimentos, juntamente com a tecnologia, se aproximam das noções dos ODS da ONU?

- Em que medida é que a tecnologia incentiva as empresas a seguir ou a contrariar as diretrizes? A tecnologia ajuda especificamente a evitar grandes coimas ou sanções? Quais são os estudos de casos específicos em que a tecnologia conduziu ou evitou coimas ou sanções elevadas? Quais são as opiniões dominantes sobre o assunto? Quais são as consequências para o ambiente?
- Como é que a tecnologia pode ser responsável por complicar questões jurídicas em batalhas legais? Ou, como é que a tecnologia pode ser aplicada para evitar essas batalhas legais dispendiosas? A tecnologia ou qualquer outra tecnologia de apoio ajuda a evitar grandes custos de manutenção das normas jurídicas? Quais são os estudos de casos relevantes sobre esta matéria? Fornecer um estudo sobre o impacto no ambiente devido a batalhas jurídicas dispendiosas? Quais são os principais motivos de análise da tecnologia quando confrontada com batalhas jurídicas?
- Até que ponto é que a tecnologia pode capacitar os executivos das empresas para infringirem ou respeitarem a lei? Como pode a tecnologia proteger os executivos éticos contra más influências externas? Como é que a tecnologia pode ser aplicada na prevenção ou na resolução de acusações criminais? Em que medida podem estas acusações criminais afetar o ambiente? Forneça estudos de casos relevantes sobre esta matéria.

1.3.4 Durante a formulação do negócio

- Mesmo antes de a empresa influenciar o plano de negócios para os potenciais investidores, podem já estar a acumular-se questões éticas. Todos os co-fundadores de uma organização devem partilhar os mesmos valores, princípios e ética empresariais. Se tiverem princípios contraditórios, terão dificuldade em obter financiamento ou mesmo em encontrar clientes.

- De que forma pode a tecnologia influenciar os planos empresariais e os investidores? Como pode esta influência ser medida e monitorizada? Com que regularidade é que esta influência tem impacto nos planos empresariais? Apresente sucintamente, com a ajuda de estudos de casos adequados, as principais influências deste tipo que foram identificadas até à data. Quais são as opiniões predominantes dos principais actores e do público sobre esta questão da influência das empresas? Até que ponto essas influências se aproximam normalmente das preocupações ambientais? A tecnologia fornece meios para que os organismos reguladores e de auditoria controlem o número e a gravidade das influências sobre os planos empresariais e os potenciais investidores?
- Em que medida é que a tecnologia pode ajudar os co-fundadores e parceiros de negócios a terem os mesmos valores, princípios e ética empresariais? Ou será que a tecnologia provoca mais clivagens? Como é que as pessoas encaram a tecnologia como um fator comum de compreensão mútua? Existem outras tecnologias que tenham sido identificadas como ameaças ao elemento de entendimento comum?
- Como é que a tecnologia pode ajudar a resolver princípios contraditórios entre os investidores empresariais? Existem estudos de caso relevantes sobre esta matéria? Além disso, existem casos jurídicos documentados sobre esta matéria?
- Poderá a tecnologia ajudar a atenuar as dificuldades de obtenção de financiamento e de angariação de clientes? Ou está a agravar essas dificuldades? Como é que outras tecnologias de apoio podem ajudar nesta matéria? Como tem sido a evolução de todas as versões sucessivas da tecnologia relativamente a esta questão? Como se prevê que venha a ser num futuro próximo e distante?

1.3.5Antes do emprego

- Os procedimentos de contratação e seleção também afectam a ética da empresa, o que pode constituir um desafio. As organizações devem ser éticas nos aspectos relacionados com o emprego, de modo a poderem empregar o candidato certo sem qualquer discriminação ou parcialidade.
- De que forma pode a tecnologia influenciar os processos de contratação e

seleção nas empresas? Com que regularidade é que a tecnologia provoca marcos significativos de mudanças nos processos de contratação e seleção nas empresas? Como pode esta influência ser medida e monitorizada? Que poderes especiais é que as facilidades tecnológicas conferem às pessoas que participam nos júris de recrutamento ou de entrevista? Como é que estas pessoas percepcionam a utilização da tecnologia para o recrutamento e a contratação em todo o mundo? Que apoio dá a lei à utilização desta tecnologia para o recrutamento e a contratação? Essas caraterísticas tecnológicas estão relacionadas com a IA e os seus preconceitos relevantes? Como é que outras comodidades tecnológicas estão relacionadas com este objetivo? Existem outras tecnologias (possivelmente mais simples) que ofereçam alternativas válidas para efeitos de processos de contratação e seleção? Com que frequência é que a tecnologia permite rever os métodos empresariais de contratação e seleção? Quais são os desafios precisos à ética das empresas e da sociedade que os recursos tecnológicos representam? Quais são as comodidades específicas presentes ou incorporadas na tecnologia para facilitar a auditoria e outros controlos por parte das autoridades competentes e dos organismos reguladores? Quais são os estudos de caso relevantes sobre o assunto em todo o mundo? Como é que as sucessivas versões da tecnologia têm evoluído no mercado?

- Que caraterísticas específicas da tecnologia reforçam a ética no que respeita aos aspectos do emprego? Por outro lado, que caraterísticas específicas da tecnologia enfraquecem ou ameaçam a ética dos aspectos relacionados com o emprego? Existem casos comprovados e documentados de más práticas na utilização da tecnologia?
- Que credenciais traz a tecnologia para selecionar corretamente o candidato certo para um emprego? Quais são as caraterísticas relevantes da tecnologia para evitar a discriminação e a parcialidade? Posteriormente, que credenciais fornece a tecnologia para evitar qualquer forma de negligência durante a contratação e seleção de trabalhadores? Quais são os estudos de caso relevantes sobre esta matéria?

1.3.6 Em conformidade com a lei.

- Uma empresa, a sua direção e o seu pessoal devem conduzir a sua atividade de uma forma que esteja em conformidade com determinadas normas e princípios empresariais. A conformidade tem a ver com o controlo de determinadas regras e regulamentos, leis escritas ou leis comuns. Trata-se de uma questão muito sensível para as empresas, uma vez que o incumprimento das leis pode tornar a organização obsoleta.

- De que forma é que a tecnologia permite à empresa, à sua direção e ao seu pessoal exercer a sua atividade respeitando determinadas normas e princípios comerciais? Por outro lado, pode a tecnologia ser utilizada de forma a dissuadir a empresa, a sua direção e o seu pessoal de respeitarem as normas e os princípios comerciais?
- Como é que a tecnologia pode ajudar na supervisão de regras, regulamentos, leis escritas ou leis comuns? Pode a tecnologia fornecer meios para contornar essas regras em vez de as cumprir? Como pode a tecnologia ajudar no controlo e auditoria do cumprimento da lei? A tecnologia oferece preconceitos a favor de certas leis e em detrimento de outras? Existem estudos de casos relevantes sobre esta matéria?
- Como é que a tecnologia pode ajudar uma empresa a conformar-se com as leis, de modo a que a empresa sobreviva ou se torne obsoleta? Quais são as opiniões dos actores influentes e de outras pessoas sobre o assunto? Quais são os estudos de caso sobre o assunto? Quais foram os contributos e as ameaças decorrentes das sucessivas versões da tecnologia?

CAPÍTULO 2

ÉTICA NA ERA CIBERNÉTICA

2.1 Introdução à ética na era cibernética.

- Fazer negócios na era cibernética é completamente diferente das teorias clássicas de negócios, que foram escritas há muitas décadas. Quais são as novas formas de teorias da atividade empresarial que surgiram com as sucessivas gerações da tecnologia? O que se pode dizer sobre a situação geral das novas teorias no que diz respeito à concorrência de outras tecnologias ou mesmo de gerações anteriores da tecnologia ou mesmo de empresas concorrentes que utilizam a tecnologia? Discutir as formas e as caraterísticas da influência da tecnologia nas teorias empresariais. Quais são as análises críticas efectuadas por pensadores e filósofos sobre o tema? Quais são as opiniões dos principais intervenientes/actores sobre o assunto? Consequentemente, quais são as opiniões das pessoas comuns sobre o assunto? É o desenvolvimento tecnológico que fomenta as novas teorias ou são as teorias que fomentam o desenvolvimento tecnológico? Existem estudos de caso relevantes em que as teorias modernas relacionadas com a tecnologia tenham sido aplicadas? Em que medida é que essas teorias modernas incorporam outras tecnologias como a IA e a automatização?
- Quais são exatamente os desafios e as insuficiências destas novas teorias da empresa? Até que ponto os desafios dessas teorias têm impacto na ética da empresa e da sociedade? As teorias modernas são mais favoráveis aos poderes de gestão? Os trabalhos de auditoria e de regulamentação são facilitados ou agravados pela tecnologia? Até que ponto essas teorias modernas têm em consideração o ambiente e o mercado em evolução? Quais são as consequências destas novas teorias baseadas na tecnologia para os métodos e conteúdos da educação no domínio empresarial? Sucessivamente, como é que estas novas teorias afectam a estrutura do emprego nas empresas modernas? É possível que as novas teorias fomentem formas de práticas ilícitas anteriormente imprevistas? Posteriormente, essas teorias ajudam a prevenir práticas ilícitas, discriminações e parcialidades a vários níveis na empresa? O que se pode dizer sobre as futuras evoluções destas teorias relacionadas com a tecnologia?
- Além disso, como a proliferação da Internet e das tecnologias da comunicação tem vindo a aumentar a um ritmo sem precedentes, as organizações empresariais sentiram que é importante abordar as questões éticas que acompanham o progresso tecnológico. Até que ponto a tecnologia está ligada à Internet e às

tecnologias da comunicação? Em que medida é que o ritmo de desenvolvimento da tecnologia foi influenciado pela Internet e pelas tecnologias da comunicação? Em que medida é que o inverso pode ser considerado verdadeiro? Quais são as opiniões influentes dos principais actores empresariais sobre a "ética da tecnologia"? Qual é o nível atual dos avanços na "ética da tecnologia"? Quais são as opiniões das pessoas comuns sobre esta matéria? Será que a tecnologia, nos seus principais componentes, contribui para o desenvolvimento da ética? Quais são os desafios que a tecnologia tem representado para o campo da ética? A necessidade de ética foi formulada depois de terem sido detectados certos abusos ou más práticas na utilização da tecnologia? Em caso afirmativo, que informações sobre esses abusos? Em que medida é que a evolução da tecnologia conduziu a mudanças no meio académico e na educação ética a vários níveis?

- Discutir até que ponto o desenvolvimento da ética está atrasado em relação aos avanços da tecnologia.
- Apresentar um debate sobre os vários contributos de diferentes instituições e centros para o desenvolvimento da ética relacionada com a tecnologia.
- É importante perceber que o mero conhecimento dos problemas da cra cibernética não é suficiente; é preciso tomar medidas concretas para minimizar os efeitos negativos do progresso tecnológico que é aplicável tanto às organizações empresariais como aos indivíduos. Que problemas da era cibernética são mais pertinentes com a tecnologia? Apresentar os resultados de um inquérito e debater o nível de sensibilização para os problemas da era do ciberespaço entre as várias categorias de pessoas na sociedade? Apresentar um inquérito sobre as medidas concretas que foram fornecidas no mercado para minimizar os efeitos negativos dos progressos da tecnologia em causa. Apresentar um debate sobre os níveis de sucesso das várias medidas concretas aplicadas para atenuar os efeitos negativos dos progressos tecnológicos? Qual é o grau de apoio da lei a essas medidas concretas aplicadas para minimizar os efeitos negativos dos progressos tecnológicos? Qual é o grau de preocupação dos organismos de auditoria e de regulação com os problemas da era cibernética? Como se prevê a evolução dos conhecimentos envolvidos nos problemas da era cibernética no futuro da tecnologia? Como é que se espera que os efeitos negativos da tecnologia evoluam no futuro? Quais são as principais secções em que se pode classificar a ciberética da tecnologia?

2.2 Ângulo de privacidade.

- Num seminário da Harvard Law Review, em 1980, Warren e Brande disseram as palavras de ouro sobre a privacidade. Trata-se de um conceito ético e moral. Descreveram a privacidade como sendo:
"É fundamental para a dignidade, a individualidade e a personalidade. A privacidade é também indispensável para um sentido de autonomia - para 'um sentimento de que existe uma área da vida de um indivíduo que está totalmente sob o seu controlo, uma área que está livre de intrusões externas'. A privação da privacidade pode mesmo pôr em perigo a saúde de uma pessoa."

- Fornecer uma série de outras palavras de ouro sobre a privacidade apresentadas por outros investigadores e filósofos notáveis. Aprofundar também a análise crítica de cada uma dessas palavras e a sua aplicabilidade à tecnologia moderna.
- Como é que a tecnologia pode ser aplicada para reforçar ou perturbar os seguintes componentes de uma pessoa?

i. Dignidade.

ii. Individualidade.

iii. Personalidade.

iv. Autonomia.

- Quais são os potenciais da tecnologia para futuras mudanças nos 4 componentes acima mencionados? Quais são os métodos de prevenção de danos incorporados na tecnologia? Ou serão necessárias outras tecnologias para a prevenção e deteção/solução de danos? Com que regularidade é que a tecnologia permite a revisão das disposições existentes em matéria de privacidade das pessoas? Como é que a tecnologia pode ajudar em casos de denúncias de desrespeito da privacidade? Que leis/regras/políticas concebidas com a tecnologia ajudam nas questões de privacidade? Quais são as opiniões de pessoas influentes sobre a questão da privacidade em todo o mundo? Sucessivamente, quais são as opiniões das pessoas comuns sobre o assunto? Como é que as disposições tecnológicas se coadunam com as noções do programa dos ODS da ONU? Relatar os estudos de caso sobre a privacidade no que respeita à tecnologia? Quais são os custos associados à manutenção da privacidade na tecnologia? Quais são os fundamentos predominantes de análise das questões de privacidade na tecnologia? Em que medida é que a tecnologia capacita/incentiva os executivos de empresas a respeitarem a privacidade dos outros? Em que medida é que a tecnologia capacita/incentiva os trabalhadores a respeitarem a privacidade dos colegas e da hierarquia de gestão?

- Como é que a tecnologia pode permitir ou dar forma a "um sentimento de que existe uma área da vida de um indivíduo que está totalmente sob o seu controlo, uma área que está livre de intrusões externas"? Com as sucessivas gerações da tecnologia, quais são as alterações introduzidas nesta "área"? Quais são as alterações introduzidas neste "espaço" quando se considera o quadro geral combinado com outras tecnologias e condições mundiais? Como é que as pessoas percepcionam este "espaço privado" na era cibernética? Quais são as opiniões, sobre o elemento da privacidade na era cibernética, de pessoas influentes orientadas para a tecnologia e de outros pensadores? O termo "ciberprivacidade" faz sentido ou está a ser derrotado desde o início? Quais são as disposições legais para proteger a privacidade das pessoas na era cibernética?
- Para algumas pessoas, há definitivamente uma mudança no elemento de privacidade devido à tecnologia. Em que medida é que o elemento "...que está totalmente sob o seu controlo..." foi alterado? Quais são os principais componentes da tecnologia que estão a causar essas alterações? Quais são as forças motrizes que conduzem a essas alterações? Quais são os componentes da tecnologia que conferem às pessoas o controlo da sua própria privacidade? Quantos elementos desse controlo proporciona efetivamente a tecnologia? A tecnologia fornece meios de enganar as pessoas sobre a segurança da sua privacidade ou outros meios de burlar as informações sobre a privacidade das pessoas? Como se espera que este elemento de controlo da privacidade evolua no futuro da tecnologia? Qual é a perceção das pessoas sobre os elementos de controlo da sua privacidade? Apresentar estudos de caso sobre esta matéria?
- Quais são os meios de intrusão na privacidade de alguém que a tecnologia proporciona? Informe também sobre o grau de gravidade desses meios? Ou, a tecnologia em estudo é suscetível de ser invadida por outras tecnologias? Existem estudos de caso relevantes sobre o assunto? Quais são as opiniões de peritos e pessoas influentes sobre esta questão dos "meios de intrusão"? Em que medida a conceção da tecnologia incorporou o respeito pela privacidade desde a fase de conceção? Existem caraterísticas da tecnologia concebidas para o controlo ou mesmo para as prioridades de gestão que podem ser consideradas como intrusão na privacidade?
- Até que ponto a tecnologia está equipada para privar completamente alguém da sua privacidade? Quais são as probabilidades de tais ocorrências? Quais são as formas clássicas de problemas de saúde a que pode conduzir a privação da privacidade através da utilização da tecnologia? Quais são as novas formas de problemas de saúde a que pode conduzir a privação da privacidade através da

utilização da tecnologia? Consequentemente, até que ponto a tecnologia está equipada para ajudar ou mesmo resolver os problemas de saúde das pessoas que sofrem de falta de privacidade? Podem outras tecnologias ajudar nesta matéria? Em que medida esses problemas de saúde afectaram as diferentes sociedades do mundo? (fundamentar a resposta com provas válidas referenciadas). Quais são os testemunhos/declarações das pessoas que sofrem deste tipo de problemas de saúde?

- Até que ponto são fiáveis as orientações dadas para proteger a privacidade das pessoas através da tecnologia? Discuta as diretrizes fornecidas por várias fontes, como a ACM, o IEEE e a ONU, relativas à privacidade na era da tecnologia.

2.3 Os constituintes da privacidade.

- A privacidade pode ser definida como a limitação do acesso de terceiros à informação de um indivíduo ou de uma organização empresarial através de três elementos: sigilo, anonimato e solidão. Existem outras formas, possivelmente mais recentes, de decompor o termo privacidade, especialmente na era da tecnologia? Quais são os meios que a tecnologia permite para "limitar o acesso de terceiros às informações de um indivíduo"? Quais são os meios que a tecnologia permite para "limitar o acesso de terceiros à informação de uma organização"? Relate e comente os níveis de fiabilidade desses meios de limitação do acesso? Existem estudos de caso sobre a aplicação, a eficácia e mesmo o fracasso desses meios de limitação do acesso à informação, proporcionados pela tecnologia? Quais são as opiniões de peritos e pessoas influentes na matéria em todo o mundo? Quais são os apoios e opiniões legais e governamentais sobre esta matéria? Que reconhecimento é dado à privacidade no domínio da tecnologia e das tecnologias emergentes em geral? Quais são os fundamentos predominantes da análise dos fundamentos teóricos da decomposição do termo "privacidade" apresentados por outros meios e outras pessoas? Em que medida é que a tecnologia consegue o respeito pela privacidade a níveis de alta direção e de organizações de defesa como a Polícia? Foram aqui definidos três elementos da privacidade: o segredo, o anonimato e a solidão. De que forma é que a tecnologia ajuda particularmente em cada um destes elementos? Existem novos elementos que podem ser associados à privacidade na era da tecnologia? (como a integridade, a ausência ou ausência de edição e a ausência de deepfake). Informar sobre o grau de importância desses novos elementos e estudos de casos relacionados com os mesmos. Existem novas formas de definir/descrever os elementos tradicionais e novos da privacidade? Quais são as considerações dadas à privacidade nos programas dos

ODS da ONU e nos cursos universitários?

- O anonimato está relacionado com o direito à proteção contra atenção indesejada. Em que medida a tecnologia define e incorpora corretamente o direito à proteção contra atenção indesejada? Em que medida é que a tecnologia pode ajudar a reconhecer a atenção indesejada? Consequentemente, como pode a tecnologia diferenciar a atenção desejada da atenção indesejada? Quais são os níveis de tolerância a falhas necessários para essa proteção? Até que ponto o anonimato pode ser assegurado por outras tecnologias de apoio?
- A solidão refere-se à falta de proximidade física de uma empresa ou de um indivíduo. Como é que a tecnologia pode ajudar a resolver o problema da solidão? Qual é o significado do elemento de proximidade física na era cibernética? Quais são as novas formas de ataques à solidão quando se considera a tecnologia?
- O sigilo é a proteção das informações personalizadas contra o livre acesso. Em que medida é que a tecnologia consegue reconhecer dados personalizados? Em que medida é que a tecnologia pode ajudar a prevenir a adulteração de dados pessoais de uma pessoa?

2.4 Proteção de informações privadas.

- O abuso direto ou indireto de informações privadas pode conduzir à fraude ou à falsificação de identidade. A usurpação de identidade é uma questão cada vez mais debatida devido à disponibilidade de informações pessoais e privadas na Web. Quais são as formas e os métodos de abuso direto e indireto de informações privadas a que a tecnologia pode conduzir? A tecnologia proporciona meios para a fraude e a falsificação de identidade? Os peritos referem potenciais utilizações abusivas da tecnologia? Quais são os estudos de caso sobre esta matéria? Quais são os apoios oferecidos pela lei, pelos governos e pelas organizações de auditoria/regulamentação nesta matéria? Quais são os apoios da engenharia em geral para evitar o abuso direto e indireto de informações privadas?
- O roubo de identidade é uma questão cada vez mais discutida devido à disponibilidade de informações pessoais e privadas na Web. Existem outros problemas, para além do roubo de identidade, que tenham surgido com a tecnologia? Existem estudos de caso e, subsequentemente, uma avaliação da gravidade e da frequência dos roubos de identidade através da tecnologia? Em que medida é que a tecnologia é responsável pelo fornecimento de informações pessoais e privadas na Web? Em que medida é que a tecnologia contribui para o armazenamento e a replicação a longo prazo de informações pessoais e privadas

na Web?

2.5 Roubo de identidade.

- Sete milhões de americanos foram vítimas de usurpação de identidade em 2002 e 12 milhões em 2011, o que fez deste crime o crime cibernético com maior crescimento nos Estados Unidos. Os registos públicos, os motores de busca e as bases de dados são os principais responsáveis pelo aumento do crime cibernético.
- Fornecer os resultados de um inquérito sobre o número de pessoas que, desde 2002, foram vítimas de usurpação de identidade em vários países do mundo. Quais são os principais elementos da evolução da usurpação de identidade desde 2002? Fornecer também uma perspetiva de várias categorias, como o género, a faixa etária, o emprego e a ocupação habitual, a raça e outras, entre as pessoas vítimas de usurpação de identidade. Qual é o contributo da tecnologia para que a usurpação de identidade seja um dos crimes informáticos de crescimento mais rápido? Para além da usurpação de identidade, existem outras formas de cibercrime para as quais a tecnologia contribuiu? Quais são as opiniões dos peritos e das pessoas influentes sobre a questão da usurpação de identidade com recurso à tecnologia? Quais são as opiniões predominantes das pessoas comuns sobre a questão da usurpação de identidade com recurso à tecnologia? Quais são os meios que a legislação utiliza para prevenir e mesmo combater os problemas de roubo de identidade através da tecnologia? Sucessivamente, quais são os meios disponibilizados pelo governo e pelos organismos reguladores para prevenir e combater os problemas de roubo de identidade? Quais são as percepções das pessoas sobre a suficiência e a eficácia desses meios? Em que medida estas preocupações foram integradas nas estratégias de desenvolvimento sustentável?
- Para além dos registos públicos, dos motores de busca e das bases de dados, que outros elementos do mundo cibernético contribuem para o aumento da cibercriminalidade? Quais são as disposições da tecnologia em estudo e de outras tecnologias de apoio para proteger as pessoas contra a usurpação de identidade?

i. Registos públicos.

ii. Motores de pesquisa.

iii. Bases de dados.

iv. E outras novas tecnologias como CMS, KBS, redes sociais, etc...

- Quais são as potencialidades da tecnologia para criar novos elementos sobre os quais podem ocorrer roubos de identidade?
- Para restringir e limitar a proliferação de informações pessoais sensíveis nas bases de dados em linha, os seguintes mandamentos podem ser úteis:
  - Não incluir identificadores únicos sensíveis, como números de segurança social,

datas de nascimento, cidade natal e nome de solteira da mãe nos registos da base de dados.

  - Exclua esses números de telefone, que normalmente não constam da lista.
  - Deve haver uma disposição simples e clara para que as pessoas possam retirar os seus nomes de uma base de dados.
  - Os serviços de consulta inversa do número de segurança social devem ser proibidos.

- Quais são os meios da tecnologia para restringir e limitar a proliferação de informações pessoais sensíveis nas bases de dados em linha? Quais são os contributos de outras tecnologias nesta perspetiva? Quais são as principais políticas e leis que orientam a restrição e a limitação da proliferação de informações pessoais sensíveis nas bases de dados em linha? Quais são os critérios e os meios para auditar e regulamentar esta restrição e limitação das bases de dados? Essas políticas e meios podem ser automatizados ou facilmente implementáveis de outra forma? Qual é o grau de confiança das pessoas em relação aos sistemas que contêm essas bases de dados e as suas informações sensíveis? Como é que as pessoas se sentem em relação ao número de vezes que essa confiança foi traída?
- Fazer um levantamento de vários outros mandamentos e conselhos dados por peritos para restringir e limitar a proliferação de informações pessoais sensíveis nas bases de dados em linha. Fornecer também uma análise ética e a viabilidade de implementação desses mandamentos e diretrizes?
- Até que ponto é possível não incluir identificadores únicos sensíveis, como os números da segurança social, as datas de nascimento, a cidade natal e o nome de solteira da mãe, nos registos das bases de dados? Existem sistemas específicos que podem funcionar sem esses identificadores únicos? Qual é o grau de disponibilidade das pessoas para fornecerem, elas próprias, informações tão sensíveis? Quais são os estudos de caso sobre esta questão de não incluir informações sensíveis? Qual o poder da tecnologia para "pescar" informações sensíveis sobre uma pessoa, mesmo que esta não as tenha fornecido voluntariamente? Que outras formas de informação podem ser consideradas

sensíveis e como é que essas informações podem ser utilizadas ou mesmo utilizadas indevidamente? Que grau de proteção é dado a essas informações sensíveis pelo governo e pelos fornecedores de serviços TIC?

- Até que ponto é que a tecnologia permite excluir números de telefone que normalmente não constam da lista? Existem outras formas corretas/éticas de lidar com números de telefone que normalmente não constam da lista? Existem outras formas corretas/éticas de lidar com números de telefone que normalmente não constam da lista? Quais são as percepções de segurança das pessoas relativamente aos números de telefone não listados? Quais são exatamente os perigos que os números de telefone não listados representam? Em que medida as considerações relativas aos números de telefone não listados são tratadas pela força policial?
- Em que medida é que a tecnologia fornece às pessoas disposições simples e claras para retirarem os seus nomes e informações sensíveis das bases de dados? Pelo contrário, até que ponto a tecnologia pode ser persistente no armazenamento de dados? Quais são os estudos de caso sobre esta matéria? Qual é o ponto de vista dos peritos sobre esta caraterística da remoção de nomes das bases de dados? Em que medida é que as leis ajudam nesta matéria?
- Qual é o poder da tecnologia para efetuar o serviço de pesquisa inversa do número de segurança social? Quão poderosa pode ser a tecnologia para proibir esse serviço de pesquisa? Em que medida é que a tecnologia é bem sucedida na proibição desse serviço de pesquisa? Apresentar um estudo e discussão de casos práticos sobre esta matéria. Qual é a assistência prestada pelo governo, pelos organismos reguladores e pela legislação nesta matéria? Qual é o grau de facilidade de implementação desta proibição a nível tecnológico?

2.6 Recolha de dados privados.

- As pessoas fornecem frequentemente informações privadas para vários serviços em linha. Uma prática comercial ética seria proteger essas informações, o que pode levar à perda do sigilo, do anonimato e da solidão.
- Que categorias de pessoas se preocupam em fornecer informações privadas em vários serviços em linha? O que se pode dizer sobre a evolução das categorias de pessoas que cedem as suas informações privadas em serviços em linha? Quais são as percepções dessas pessoas sobre a cedência das suas informações privadas? Quais são as opiniões de peritos e pessoas influentes sobre esta questão da cedência de dados privados em vários serviços em linha? Como é que as leis relevantes são elaboradas nesta matéria? Quais são os tipos

de serviços em linha que normalmente requerem essas informações privadas? Como são normalmente aplicados os métodos de regulamentação a estes serviços em linha? Existem classificações de sensibilidade dos dados privados que já tenham sido formuladas pelas organizações em causa?
Quais são os meios fornecidos pela tecnologia para permitir a entrega dessas informações privadas em vários serviços em linha? Quantos desses serviços em linha utilizam a tecnologia que está a ser estudada para captar informações das pessoas, quer de livre vontade quer não? Quais são os limites habituais desses serviços em linha, como o s organizacionais, nacionais, privados, multinacionais, internacionais, etc.?

- Como é que as organizações líderes definem o papel do prestador de serviços na proteção ética dos dados privados? Existem estudos de casos de organizações que não asseguram a proteção ética dos dados privados das pessoas? Quais são as forças motrizes que levam as organizações a seguir/aplicar a proteção ética dos dados privados das pessoas? Quais são os motivos habituais que podem levar as pessoas/organizações a não seguir/aplicar a proteção ética dos dados privados das pessoas? Este assunto deu origem a protestos públicos e até a convulsões sociais no mundo?
- Qual é a eficácia da tecnologia na proteção desses dados privados? Qual é a importância de outras tecnologias para a proteção desses dados? Qual é a vontade e o poder das pessoas que pretendem atacar os dados privados? Consequentemente, até que ponto se pode considerar que a tecnologia está a dar poder a essas pessoas sem escrúpulos?
- Como é que a tecnologia pode ser considerada como bem contida em relação às perdas seguintes?
  - Sigilo.
  - Anonimato.
  - Solidão.

Qual é a gravidade deste problema nos vários países do mundo?

- Além disso, os armazéns de dados recolhem e armazenam atualmente enormes quantidades de dados pessoais e de transacções dos consumidores. É possível conservar grandes volumes de informação sobre consumidores e empresas durante um período de tempo indefinido. A erosão da privacidade pode ser feita com estas bases de dados, cookies e spyware.
- Com os progressos tecnológicos, quais são as organizações que se insurgem contra a recolha e o armazenamento maciço de dados pessoais? Por conseguinte,

até que ponto a tecnologia é poderosa e de baixo custo para dar poder aos indivíduos do público para armazenar quantidades tão grandes de dados? Existem estudos de casos em que as pessoas tenham chegado perto deste nível de poder, especialmente no que respeita à tecnologia? Quais são as leis relevantes que regem esta caraterística do armazenamento em massa nos diferentes países? Que desafios representam estas vastas quantidades de situações de armazenamento de dados para a auditoria, a formulação e aplicação de leis, a formulação de conhecimentos académicos e outras instâncias em diferentes países do mundo?

- Que novas formas de recolha de dados pessoais foram abertas pela nova tecnologia na sociedade? Quais são as opiniões dos peritos e das pessoas influentes sobre estas novas formas de recolha de dados pessoais? Quais são as opiniões dos cidadãos comuns sobre o assunto? Será que a tecnologia e os seus meios de recolha de dados pessoais foram introduzidos na sociedade de uma forma muito furtiva, sem que ninguém tenha dado por isso? Estas novas formas de recolha de dados são consideradas automáticas, incorporando outras formas de inteligência como a Inteligência Artificial, Ambiental e Ubíqua? Com que frequência é que a tecnologia permite a renovação dessas recolhas de dados? Até que ponto a tecnologia pode adulterar os dados recolhidos? Quais são as caraterísticas da tecnologia que permitem o fácil armazenamento de enormes quantidades de dados de forma económica? Com as melhorias introduzidas nessa tecnologia para a capacidade de armazenamento, que novas formas de dados estão a ser captadas e arquivadas para além dos dados pessoais e das transacções dos consumidores? Exemplos podem ser as medidas do corpo, a temperatura, os gestos, os odores corporais, as caraterísticas da voz, as previsões e os prognósticos, etc. Qual é a facilidade e o custo económico de preservar grandes volumes de dados dos consumidores e das empresas? Como é que a facilidade e o custo da preservação de grandes volumes de dados dos consumidores e das empresas têm evoluído ao longo dos anos e ao longo de várias gerações da tecnologia? Pode a tecnologia limitar de forma fiável o período de tempo durante o qual os dados podem ser armazenados? Que precauções e medidas de segurança devem ser tomadas para o armazenamento correto dos dados no que diz respeito ao seu hardware, software, ambiente e estratégias de recuperação de desastres? Qual é a importância de investir atualmente num grande volume de armazenamento, tendo em conta o estado futuro da tecnologia ou mesmo das tecnologias concorrentes para as mesmas tarefas? Como se espera exatamente que a necessidade de armazenamento em massa evolua no futuro? Qual é a proporção do problema da erosão da privacidade com a tecnologia? Por que outros meios, para além das bases de dados convencionais, dos cookies e do spyware, pode ocorrer a erosão da privacidade? Qual é a situação atual da investigação e desenvolvimento no que diz respeito aos métodos de prevenção da erosão da privacidade? Qual é a situação atual da investigação e desenvolvimento de novos métodos para provocar a erosão da privacidade nos centros de armazenamento de dados? Como é que os peritos e as pessoas influentes encaram este problema da erosão da privacidade? Qual o prejuízo que estas pessoas alegam ter sofrido devido a esta erosão da privacidade? Como é que as pessoas comuns percepcionam este problema da erosão da privacidade através da tecnologia? Em que medida é que os danos atingiram o grande público em diferentes países? Em que medida o desenvolvimento de armazéns de dados através da tecnologia está a acontecer no âmbito do programa dos ODS da ONU?

- Há um ponto de vista segundo o qual os armazéns de dados se destinam a ser autónomos e precisam de ser protegidos. No entanto, as informações pessoais podem ser recolhidas de sítios Web de empresas e de redes sociais para iniciar uma pesquisa inversa maliciosa. Por conseguinte, a forma como os domínios públicos devem utilizar a informação é um debate ético.

- Em que medida é que a tecnologia contribui para este ponto de vista de que os armazéns de dados devem ser autónomos? Até que ponto a tecnologia pode efetivamente contradizer este ponto de vista? Quais são os principais elementos de debate sobre este elemento do ponto de vista? Como é que este ponto de vista tem vindo a evoluir ao longo dos anos e ao longo de várias gerações da tecnologia? Quanto do trabalho dos armazéns de dados pode ser automatizado e quanto do trabalho exige intervenção humana? Qual é a contribuição de outras tecnologias para que os armazéns de dados se tornem autónomos? Que grau de segurança, a níveis granulares mais elevados, oferece atualmente a tecnologia aos armazéns de dados? Em que medida é que a tecnologia dos armazéns respeita o ambiente? Quais são os efeitos do facto de os armazéns serem autónomos para a sociedade em geral? Quais são os meios de auditoria e de controlo dos armazéns de dados autónomos?
- Quais são os meios que a tecnologia proporciona para recolher informações pessoais em sítios Web de empresas e redes sociais? Estes meios estão publicados e são do conhecimento do público em geral? Com que frequência ocorre este problema de recolha de informações pessoais a partir de sítios Web de empresas e de redes sociais, de acordo com as informações publicadas? A tecnologia é suficientemente poderosa para iniciar pesquisas inversas?
- Apresentar uma perspetiva dos principais elementos do debate ético sobre a

forma como os domínios públicos devem utilizar a informação?

2.7 Questões de propriedade.

- O conceito de propriedade é uma questão de debate ético desde há muito tempo. Algumas pessoas argumentam que a Internet se baseia no conceito de liberdade de informação. No entanto, a controvérsia sobre a propriedade tem ocorrido frequentemente quando a propriedade da informação é violada.
- Relativamente à questão de "a propriedade ser uma questão de debate ético", quais são os novos elementos introduzidos pela tecnologia em estudo? Quais são os novos elementos previstos que os futuros melhoramentos da tecnologia trarão para o debate? Como é que pessoas de diferentes faixas etárias, níveis de educação e valores sociais e culturais percepcionam os elementos deste debate? Quais são as questões pertinentes do debate que estão intimamente relacionadas com o programa UN-SDG?
- De que forma é que a tecnologia e a Internet causaram perturbações no conceito de liberdade de informação? Quais são as perturbações correspondentes noutras formas de liberdade, como a de expressão, escolha, etc. (basicamente elementos da democracia)? Qual é a tendência prevista para a evolução destas perturbações no futuro?
- Que questões importantes acrescentou a tecnologia à controvérsia sobre a propriedade da informação e as correspondentes infracções? O que se pode dizer sobre a frequência da ocorrência de tais controvérsias? Quais são os apoios da legislação a estas controvérsias?

2.8 Direitos de propriedade intelectual.

- O aumento da velocidade dos serviços da Internet e o aparecimento de tecnologias de compressão de ficheiros, como o mp3, conduziram à partilha de ficheiros ponto a ponto, que é uma tecnologia que permite aos utilizadores transferir e partilhar ficheiros entre si de forma anónima.
- Quais são as razões para o aumento da velocidade da Internet e dos seus serviços correspondentes? Quais são as forças motrizes que provocam este aumento da velocidade da Internet e dos seus serviços? Qual tem sido a sucessão de serviços Internet na Internet em todo o mundo? Quais são as alterações previstas para a velocidade e a qualidade da Internet no futuro? O que é que se pode dizer sobre as disparidades de velocidades da Internet e dos seus serviços correspondentes em todo o mundo? Qual é a opinião dos peritos, nomeadamente

dos peritos em segurança, sobre o ritmo da Internet, dos seus serviços e das suas evoluções correspondentes? Que particularidades apresentam as taxas de aumento de velocidade da Internet e dos seus serviços para os organismos reguladores e para a formulação de leis? Quais são os riscos identificados e documentados que tais taxas elevadas de velocidade da Internet e dos seus serviços representam para os seres humanos e a sociedade em geral? Existem estudos de caso documentados sobre o assunto?

- Qual tem sido a evolução das tecnologias de compressão de dados no mercado? Quais são os progressos futuros esperados na tecnologia de compressão relativamente às TIC? Quais as principais vantagens que a compressão de dados trouxe às TIC numa perspetiva técnica? Quais são as principais preocupações éticas das tecnologias de compressão, para além do mp3, que influenciam o mundo? Quais são as observações que podem ser formuladas a partir da grande variedade de tecnologias de compressão disponíveis no mercado? Existem normas adequadas e uma abordagem ao público em geral no que respeita a essas tecnologias de compressão/descompressão? Quais são os custos de funcionamento e os custos ocultos associados às tecnologias de compressão? Quais são as opiniões dos peritos e dos influenciadores sobre a questão da compressão e as suas consequências? De igual modo, quais são as opiniões das pessoas na sociedade em geral sobre a questão da compressão e das suas consequências? Quais são as principais particularidades da compressão para os organismos de auditoria e de regulação? Quais são as principais particularidades da compressão para os prestadores de serviços e clientes, incluindo os governos? Quais são as preocupações da legislação em matéria de compressão? Apresentar casos práticos de compressão no que respeita a questões éticas.

- Qual tem sido a evolução da partilha de ficheiros peer-to-peer como um serviço através da Internet no mercado ao longo dos anos? Quais são os progressos futuros esperados na área da tecnologia de partilha de ficheiros ponto a ponto nas TIC? Quais são as vantagens que os serviços peer-to-peer trouxeram no domínio das TIC? Quais são as preocupações éticas da tecnologia de partilha de ficheiros entre pares? Quais são as principais tecnologias de partilha de ficheiros peer-to-peer existentes no mercado? Quais são os custos associados e ocultos das tecnologias de partilha entre pares? Quais são os cenários resultantes considerando várias tecnologias de partilha entre pares existentes no mercado? Quais são os níveis actuais das normas e as suas consequências para a ética no que diz respeito às tecnologias de partilha entre pares? Quais são as opiniões de especialistas e influenciadores sobre a questão dos serviços de partilha entre pares? Quais são os riscos de segurança dos serviços de partilha entre pares para as pessoas em geral? Quais são as opiniões das pessoas comuns da sociedade sobre os serviços de partilha entre pares? Que pontos fortes e, sobretudo, que pontos fracos representam os serviços peer-to-peer para os organismos de auditoria e de regulação? Quais são as particularidades da partilha entre pares para os prestadores de serviços e para os clientes? Quais são as preocupações da legislação em matéria de partilha entre pares? Quais são os estudos de caso da tecnologia de partilha entre pares no que diz respeito às preocupações éticas?

- Os serviços oferecidos pelo Napster ou pelo Bit Torrent são abrangidos pela questão da transferência e partilha de ficheiros. Estes sítios oferecem música e conteúdos protegidos por direitos de autor, cuja transferência para outros utilizadores é ilegal.
- Que outros serviços se enquadram na questão da transferência e partilha de ficheiros? Que outras formas de conteúdo, para além da música protegida por direitos de autor, podem ser classificadas como ilegais nos serviços de partilha de ficheiros? Descreva os danos que essa partilha ilegal causa? Quais são os casos de estudo correspondentes a esses serviços? Qual é a popularidade correspondente de cada um desses serviços? Consequentemente, que observações éticas podem ser feitas a partir desta popularidade? Quais são as opiniões dos peritos e dos principais actores sobre esses serviços existentes? Sucessivamente, quais são as opiniões das pessoas/utilizadores comuns sobre esses serviços/softwares? Apesar de partilharem conteúdos ilegais, que outras preocupações éticas são tidas por fornecedores de serviços como o Napster e outros?
- Os direitos de propriedade intelectual incluem uma série de direitos que pertencem às empresas ou aos indivíduos, tais como patentes, direitos de autor, direitos de desenho industrial, marcas registadas, direitos de variedades vegetais, imagem comercial e, em algumas jurisdições, segredos comerciais. Os elementos mais importantes que estão associados a um dilema ético são aqui referidos.
- Quais são as formas de comodidades que podem ser consideradas "direitos de propriedade intelectual" na perspetiva da tecnologia? Como é que estas comodidades têm evoluído ao longo dos anos?

2.9 Direitos de patente.

- Uma patente é uma forma de direito concedido pelo governo a um inventor, para que este possa beneficiar monetariamente da sua invenção. Muitas empresas têm os seus desenvolvimentos de I&D e as suas patentes constituem uma fonte de receitas para elas. Acredita-se constantemente que a violação de patentes é comum na era cibernética e que deve ser tratada de forma legal e ética com as normas mais rigorosas.

- Quais são as particularidades das patentes sobre a tecnologia em estudo? A tecnologia oferece facilidades ao potencial inventor para requerer uma patente? A tecnologia fornece meios para os governos processarem, concederem e gerirem patentes? A tecnologia proporciona efetivamente uma plataforma para novas invenções e desenvolvimento? A tecnologia facilita abordagens de colaboração em matéria de investigação e desenvolvimento? A tecnologia impulsiona a criação de departamentos de I&D nas empresas? A tecnologia ajuda a ligar os departamentos de I&D das empresas e as suas gerações de receitas? A tecnologia fornece apoios relevantes para as necessidades de auditoria e regulamentação do governo? A tecnologia apresenta lacunas para o abuso de patentes ou para a descoberta de abusos de patentes? Como é que a combinação de outras tecnologias pode conduzir a abusos e infracções de patentes na era cibernética? Quais são as opiniões dos peritos e das pessoas-chave da indústria sobre a evolução dos direitos de patente e as infracções que ocorrem com a tecnologia? A tecnologia permite lidar com as infracções às patentes de forma legal e ética? A tecnologia contribuiu para reforçar, ou mesmo enfraquecer, as normas relativas a questões de patentes?

2.10 Violação de direitos de autor.

- Os direitos de autor conferem ao criador de uma obra original direitos exclusivos para a realizar, normalmente por um período de tempo limitado. Os direitos de autor são normalmente aplicáveis a formas criativas, intelectuais ou artísticas, ou "obras". Como é óbvio, a cópia e a recriação da matéria são facilmente possíveis na era da informação. Isto levanta a questão da ética empresarial de saber se a proteção dos direitos de autor deve ser obrigatória para todas as produções criativas. O limite da cópia e da recriação é também uma questão ética.
- Como é que a tecnologia pode ajudar a gerir a exclusividade e as limitações temporais dos direitos de autor? Quais são as formas de trabalho sobre a tecnologia que podem estar sujeitas a direitos de autor e a violações de direitos de autor? Com que facilidade é que a tecnologia permite copiar e recriar conteúdos? A tecnologia oferece níveis de proteção contra a cópia ilegal de conteúdos? A tecnologia permite copiar e modificar parcialmente os conteúdos de um sistema? Que outros elementos da noção de que "a proteção dos direitos de autor deve ser obrigatória para todas as produções criativas" são introduzidos

ou realçados pela tecnologia? Que novas questões são trazidas para "o limite da cópia e da recriação" pela tecnologia? A violação dos direitos de autor pode ser atribuída a um sentimento de bem maior na sociedade? O que se pode dizer sobre a frequência das ocorrências e a gravidade do problema das violações dos direitos de autor na era cibernética? Informe sobre a acumulação de processos em tribunal.

2.11 Marcas registadas.

- Uma marca registada é um sinal, desenho ou expressão reconhecível e único, que distingue produtos ou serviços. Na era dos computadores e da Internet, tem sido muito fácil duplicar marcas registadas. Isto levanta a questão de saber se deve haver alguma misericórdia para aqueles que utilizam as marcas registadas de forma pouco ética ou ilegal.
- Como é que a tecnologia pode ajudar a preparar os seguintes atributos nas marcas comerciais para distinguir produtos e serviços?

▶ Reconhecível.

▶ Sinal único.

▶ Conceção.

▶ Expressão.

- Quão fácil é a preparação da marca registada com a tecnologia? Quão fácil é a cópia ou duplicação da marca registada utilizando a tecnologia? Ou é mais fácil com outras formas de tecnologia? Quais são as leis habituais que acompanham as marcas registadas na tecnologia? Existe a preocupação de saber se deve haver alguma misericórdia para com aqueles que utilizam as marcas registadas "de forma não ética ou ilegal": quais são os novos elementos trazidos para esta preocupação relativamente à tecnologia? Quais são os estudos de caso sobre questões relacionadas com as marcas registadas na tecnologia? Quais são as opiniões de especialistas e pessoas influentes sobre a questão das marcas registadas ao longo da tecnologia? Em que medida as questões relativas às marcas registadas no domínio da tecnologia são acessíveis e compreensíveis para o público em geral?

2.12 Segredos comerciais.

- Um segredo comercial é uma fórmula, prática, processo, desenho, instrumento, padrão ou informação secreta através da qual uma empresa pode obter uma vantagem económica sobre os seus concorrentes ou clientes. O roubo de segredos comerciais pode ser considerado pouco ético porque pode ser difícil criar ou idealizar uma fórmula única, mas é bastante fácil replicá-la.

- Quais são os meios através dos quais a tecnologia permite a proteção dos segredos comerciais das empresas? Por outro lado, a tecnologia pode ser utilizada para quebrar segredos comerciais de empresas? Existem caraterísticas na tecnologia para proteger cada um dos seguintes elementos dos segredos comerciais?

i. Fórmula.

ii. Prática.

iii. Processo.

iv. Conceção.

v. Instrumento.

vi. Padrão.

vii. Informações.

- Existem novos elementos de segredos comerciais que se formam devido à tecnologia? Quais são os custos correntes e ocultos da aplicação das preocupações com os segredos comerciais à tecnologia? Que quantidade de recursos TIC são necessários para gerir as questões de segredos comerciais? Quais são as leis de acompanhamento associadas aos segredos comerciais sobre a tecnologia? Os segredos comerciais satisfazem as expectativas dos clientes e das partes interessadas relativamente à utilização da tecnologia? Quais são as percepções actuais dos peritos e dos principais intervenientes sobre o elemento dos segredos comerciais sobre a tecnologia? Quais são as percepções das pessoas em geral de diferentes faixas etárias na sociedade sobre a questão dos segredos comerciais em relação à tecnologia? Existem grupos de pressão específicos para impor a bondade da tecnologia? Existem capacidades de RSE inerentes aos segredos comerciais que estão a ser aplicados à tecnologia? Existem estudos de caso sobre questões de segredos comerciais ao longo da tecnologia? Quais são as caraterísticas pertinentes da tecnologia para os organismos reguladores e de auditoria relativamente aos segredos comerciais sobre a tecnologia? Em geral, a tecnologia contribuiu para uma melhoria do estatuto dos segredos comerciais a nível mundial?
- Quais são as formas de vantagens, para além das económicas, que a tecnologia proporciona aos titulares de segredos comerciais? Qual é o significado de cada uma dessas formas de vantagens? De que forma, incluindo formas inovadoras, podem as vantagens ser benéficas para os detentores do

segredo comercial? Existem estudos de casos que analisem as formas de vantagens que a tecnologia proporciona aos titulares de segredos comerciais? Como é que a lei encara essas novas formas de vantagens dos segredos comerciais em relação à tecnologia?

- Quais os meios que a tecnologia proporciona para roubar segredos comerciais para os malfeitores? Tradicionalmente, é considerado difícil criar ou idealizar uma fórmula única: A tecnologia perturba esta crença tradicional? Quais são os elementos de tais rupturas e qual é o grau de importância desses elementos? Forneça estudos de caso relevantes para apoiar as suas respostas. A tecnologia dificulta a replicação dos componentes? Com que facilidade e frequência os especialistas e as pessoas em geral consideram que é possível roubar segredos comerciais das empresas?

2.13 Gestão de direitos digitais (DRM).

- A introdução e utilização de software de gestão de direitos digitais (DRM) levantou a questão de saber se a subversão da DRM é ética. Alguns consideram que a DRM é um passo ético; outros acreditam que é errado, porque os custos dos produtos ou serviços podem aumentar devido à DRM.

- Quais são as principais caraterísticas dos softwares de DRM? Forneça uma lista dos softwares DRM disponíveis no mercado e suas principais caraterísticas. Quais são os principais elementos dos softwares DRM e o conceito sujeito a análises éticas? Em que medida os softwares DRM estão a corresponder às expectativas dos clientes? Quais são as leis que acompanham a DRM em muitos países do mundo? Como é que os peritos e as pessoas influentes de todo o mundo encaram a parte ética da GDD? Do mesmo modo, como é que as pessoas comuns encaram a parte ética da GDD? Existem leis específicas e grupos de pressão para impor a boa utilização do software DRM? Quais são os custos de funcionamento e os custos ocultos do software DRM? Até que ponto os softwares DRM são acessíveis às empresas e ao público em geral? Que percentagem do público em geral pode ser considerada corretamente instruída em matéria de software DRM? Que caraterísticas da tecnologia contribuem para a auditoria e a regulamentação dos programas informáticos DRM? Existem estudos de casos relativos à parte ética dos programas informáticos GDD? De um modo geral, a tecnologia contribuiu para uma melhoria do estatuto da GDD a nível mundial? Até que ponto podem subir erradamente os preços dos produtos e serviços baseados nesta tecnologia? Proporcione uma discussão aprofundada sobre a subida dos preços com a utilização de DRM sobre a tecnologia.

- A DRM é também apresentada como defensora dos direitos dos utilizadores. Isto permite, por exemplo, fazer cópias de livros áudio de PDFs que recebem; também é um problema permitir que as pessoas gravem música que compraram legitimamente em CD/DVD ou que a transfiram para um novo computador. Parece uma violação dos direitos dos detentores de propriedade intelectual, que conduz à utilização não compensada de suportes protegidos por direitos de autor.
- Em que medida a tecnologia contribuiu para a imagem da GDD como "defensora dos direitos dos utilizadores"? Quais são as principais caraterísticas da tecnologia que permitiram esta imagem? Quais são as leis que acompanham esta questão? Em que medida é que a tecnologia corresponde realmente às expectativas dos utilizadores no que respeita aos direitos que reivindicam? Como é que os peritos e as pessoas influentes encaram a utilização da tecnologia de uma forma que retrata a GDD como defensora dos direitos dos utilizadores? De igual modo, qual é a perceção das pessoas comuns sobre esta matéria? Existem pedidos específicos e grupos de pressão sobre a tecnologia para prestar assistência a questões de GDD? Quais são as caraterísticas pertinentes da tecnologia que permitem o controlo e a auditoria dos elementos de GDD em causa? Apresentar um relatório sobre os estudos de caso correspondentes sobre esta matéria?
- Que outros formatos de ficheiro estão preocupados com a tecnologia DRM? Que outros suportes de armazenamento estão preocupados com as questões DRM? Quais são as principais preocupações das redes quando se consideram as questões de DRM? Quais são as principais preocupações de DRM relativamente aos novos tipos de hardware de computador? Como pode a tecnologia ser aplicada para limitar adequadamente a utilização não compensada de suportes protegidos por direitos de autor?

- Em termos gerais, quais foram os principais problemas ao longo da evolução da GDD ao longo dos anos, das sucessivas gerações, do mercado e da concorrência? Existem estudos de caso sobre questões relacionadas com as caraterísticas da sua evolução?

2.14 Preocupações com a segurança.

- A segurança, no domínio empresarial, é desde há muito uma questão de debate ético. É importante proteger o bem comum da comunidade ou devemos salvaguardar os direitos do indivíduo? Existe uma disputa contínua e crescente sobre os limites destas duas ideias. Isto levanta a questão de saber se os compromissos são corretos.
- Quais são as principais preocupações de segurança para as empresas quando

utilizam a tecnologia em estudo? Quais são as leis relevantes que ajudam a segurança ao longo da tecnologia? Apresente um estudo de casos de violações da segurança no âmbito da tecnologia em estudo. Que caraterísticas da tecnologia podem ser qualificadas como "proteção do bem comum da comunidade"? Que caraterísticas da tecnologia podem ser qualificadas como "proteção dos direitos do indivíduo"? Quais são os elementos novos ou pertinentes na disputa contínua e crescente sobre os limites destas duas ideias, que foram introduzidos pela tecnologia? Consequentemente, quais são as formas de compromisso que implicaram? Quais são as opiniões de especialistas e pessoas influentes sobre a questão das preocupações de segurança com a tecnologia? Até que ponto as caraterísticas de segurança da tecnologia são normalizadas e fáceis de implementar? Até que ponto as caraterísticas de segurança podem ser geridas pelos fornecedores de serviços e até que ponto requerem a atenção de cada indivíduo?

- À medida que inúmeras pessoas se ligam à Internet e a quantidade de dados pessoais disponíveis em linha continua a aumentar indefinidamente, existe uma suscetibilidade de roubo de identidade, cibercrimes e pirataria informática.
- A tecnologia influenciou o número de pessoas que se ligam à Internet ou os métodos de ligação à Internet? Em que medida é que a tecnologia influenciou a quantidade de dados pessoais disponíveis em linha e os métodos de armazenamento de tão grandes quantidades de dados? Em que medida é que a tecnologia proporcionou caraterísticas de controlo a essas grandes quantidades de dados armazenados? Quais são os diferentes cenários projectados para o crescimento futuro dos dados disponíveis na Internet? Como é que a tecnologia influenciou a suscetibilidade de roubo de identidade, cibercrimes e pirataria informática? Como se prevê que este conjunto de susceptibilidades evolua no futuro e com as gerações futuras da tecnologia?
- Há também uma discussão sobre a propriedade da Internet. As pessoas tendem a perguntar quem tem o direito de regular a Internet no interesse da segurança. Esta é uma questão muito complicada, porque a Internet está associada a enormes quantidades de dados e a inúmeras pessoas.
- Que elementos novos é que a tecnologia trouxe para a discussão sobre a propriedade da Internet? Existe alguma perceção geral de que a Internet é propriedade ou mesmo controlada por um determinado grupo de pessoas? Que novos meios forneceu a tecnologia para regular a Internet? Informe também sobre os níveis de sucesso e implementabilidade desses meios de regulação da Internet? Quais são as opiniões dos peritos e das pessoas influentes sobre esta questão da propriedade e da regulamentação da Internet? Como é que as leis

existentes encaram/acomodam esta questão da propriedade e da regulamentação da Internet? Que particularidades e até dificuldades trouxe a tecnologia à noção de regulação da Internet para os organismos reguladores?

2.15 Responsabilidade pela exatidão.

- A questão da exatidão é evidente. Temos de colocar questões como: quem é responsável pela autenticidade e fidelidade da informação disponível em linha. Do ponto de vista ético, o conceito inclui um debate sobre quem pode contribuir com conteúdos e quem deve ser responsabilizado quando esses conteúdos são erróneos ou falsos. Há também um ângulo jurídico para a indemnização da parte lesada devido a informações erradas e à perda de capital devido a esses defeitos de exatidão.
- A tecnologia fornece novos meios para abordar a autenticidade e a fidelidade da informação disponível em linha? Até que ponto esses meios são fiáveis e dignos de confiança ou, pelo menos, são considerados como tal? Quais são os meios que a tecnologia fornece aos organismos reguladores para monitorizar e regular as questões de autenticidade e fidelidade da informação disponível em linha? Quais são os ângulos modernos de preocupação ética trazidos pela tecnologia para as questões de autenticidade e fidelidade da informação disponível em linha? Em que medida é que a tecnologia ajuda a satisfazer as expectativas do público no que respeita à autenticidade e fidelidade da informação disponível em linha? Existem normas de autenticidade e fidelidade que a tecnologia tenta seguir com níveis variáveis de sucesso? A tecnologia influenciou as informações que podem ser descarregadas de fontes em linha e disponibilizadas offline em sítios pessoais ou em locais determinados de empresas rivais? A tecnologia influenciou quem pode contribuir com conteúdos para a Internet, como crianças e pessoas com menos habilitações? Quais são as opiniões dos especialistas e das pessoas influentes sobre a questão de quem pode contribuir com informações para a Internet e quem normalmente não pode? O que pensam as pessoas comuns sobre a possibilidade de contribuir com informações para a Internet em grande escala? A tecnologia influenciou a questão de saber quem deve ser responsabilizado pelas informações na Internet ou os meios e métodos de aplicação dessa responsabilização dos dados na Internet? Quais são as particularidades de auditoria e regulamentação das caraterísticas de responsabilização da informação disponível em linha? Que meios oferece a tecnologia para identificar conteúdos erróneos ou falsos? Existem estudos de casos em que a tecnologia tenha contribuído para a responsabilização e a deteção de dados falsos? Quais são os meios que a

tecnologia proporciona para ajudar no ângulo jurídico da indemnização das partes lesadas devido a informações erradas ou a defeitos de exatidão das informações? Qual é a proporção de lesões deste tipo que ocorrem na sociedade? Apoie as suas respostas em estudos de casos relevantes.

2.16 Acessibilidade, censura e filtragem.

- Os argumentos que se aplicam à censura e à filtragem fora de linha aplicam-se à censura e à filtragem em linha. É preferível ter livre acesso à informação ou deve ser protegido contra o que é considerado prejudicial, indecente ou ilícito por um organismo governamental? A questão do acesso de menores é também uma preocupação importante.
- Como é que a tecnologia ajuda a aplicar a censura e a filtragem em linha? A ajuda de outras tecnologias é importante nesta matéria? A tecnologia em estudo tem vindo a melhorar o campo e o poder da censura e da filtragem num estado global? Quais são as preocupações éticas modernas da tecnologia utilizada nos conceitos de censura e filtragem em linha? Em que medida estão as expectativas das pessoas a ser satisfeitas, no que diz respeito à censura e à filtragem, com a utilização da tecnologia? Quais são as leis relevantes que se aplicam à questão da censura e da filtragem através da tecnologia?
- Em que medida é que a tecnologia ajuda nos seguintes aspectos?

i. Livre acesso à informação.

ii. Proteger a informação daquilo que um órgão de gestão considera prejudicial, indecente ou ilícito.

Como é que os peritos e as pessoas influentes encaram as duas formas de acesso à informação acima referidas? Sucessivamente, quais são as opiniões das pessoas comuns sobre esta questão?

- Quem é que pode ser considerado como o órgão de gestão adequado para as comodidades tecnológicas e as necessidades de censura/filtragem de uma sociedade?
- Quais são as comodidades fornecidas pela tecnologia para detetar e qualificar os conteúdos?

i. Nocivo.

ii. Indecente.

iii. Ilícito.

iv. Inapropriado para menores.

Quais são as opiniões gerais prevalecentes sobre a adequação dessas comodidades? Como é que estas comodidades evoluíram ao longo do tempo e das sucessivas gerações da tecnologia?

- Muitas empresas restringem o acesso dos seus empregados ao ciberespaço, bloqueando alguns sítios, que são relevantes apenas para uso pessoal e, por conseguinte, destrutivos para a produtividade. Numa escala maior, os governos também criam grandes firewalls, que censuram e filtram o acesso a certas informações disponíveis em linha, muitas vezes provenientes de países estrangeiros, para os seus cidadãos e qualquer pessoa dentro das suas fronteiras.
- Qual é a percentagem de empresas em todo o mundo que bloqueia o acesso dos trabalhadores ao ciberespaço como meio de controlo necessário? Quais são os meios que a tecnologia proporciona para bloquear sítios considerados indesejáveis? Como é que a tecnologia pode ajudar a identificar e a qualificar um sítio Web como sendo de uso pessoal e, consequentemente, prejudicial à produtividade? A tecnologia fornece meios para aferir esse nível de destruição da produtividade numa empresa? Quais são as consequências de tais restrições para a moral e a motivação dos empregados e dos gestores? Qual é a opinião dos peritos quanto à eficácia de tais restrições para proteger a produtividade? Como é que a tecnologia permite monitorizar a eficácia das restrições aplicadas? Discutir estudos de caso relevantes sobre a questão das restrições ao ciberespaço? Como se prevê que esta noção de restrições no ciberespaço evolua no futuro?
- Em maior escala, qual é o contributo da tecnologia para o funcionamento de grandes firewalls para censurar e filtrar o acesso a determinadas informações disponíveis em linha? Como é que a tecnologia pode ajudar a identificar um sítio Web como sendo prejudicial para o cidadão de um país ou para as políticas locais? Existem estudos de caso relevantes sobre esta matéria no que respeita à tecnologia? A questão de uma firewall nacional pode ser considerada como um debate. Quais são as questões prevalecentes neste debate que têm grande relevância para a tecnologia? Quanto é que esta política nacional de restrições é efetivamente esperada da população do país? Como é que os filósofos e pensadores encaram esta questão da restrição nacional? Como pode a tecnologia ser aplicada para medir a eficiência de tais restrições a nível nacional? Como é que se espera que esta noção de restrição nacional utilizando a firewall e a tecnologia evolua no futuro?
- Os diferentes países podem ter diferentes conjuntos de critérios para efetuar a censura e a filtragem. Discutir as disparidades observáveis nestes diferentes conjuntos de critérios nos vários países? Como pode a tecnologia abordar estes diferentes conjuntos de critérios para efetuar a censura e a filtragem?

CAPÍTULO 3
VIOLÊNCIA NO LOCAL DE TRABALHO

3.1 Resumo da ética profissional.

- A violência no local de trabalho é uma ação de violência física, assédio, intimidação ou qualquer outro tipo de comportamento perturbador que ocorre no local de trabalho. Inclui todas as formas de comportamento, desde ameaças e abuso verbal a várias formas de agressões físicas e até mesmo o ato de homicídio. A violência no local de trabalho pode afetar e envolver funcionários, clientes, consumidores e/ou visitantes.
- Quais são os meios que a tecnologia proporciona ou, pelo menos, parece estar a contribuir para as seguintes caraterísticas da violência no local de trabalho?

i. Violência física.

ii. Assédio.

iii. Intimidação.

iv. Qualquer outro comportamento perturbador.

Como é que estes meios têm vindo a evoluir ao longo dos anos e das sucessivas gerações de tecnologia? Como é que a natureza de cada uma das caraterísticas de violência no local de trabalho acima referidas tem vindo a evoluir na era cibernética? A tecnologia provoca, direta ou indiretamente, o elemento de violência nos seres humanos? Quais são os impactos psicológicos da tecnologia que podem conduzir à violência no local de trabalho? Por outro lado, a tecnologia fornece recursos para prevenir ou mesmo detetar sinais de violência no local de trabalho nas 4 caraterísticas acima mencionadas? A tecnologia fornece meios para registar provas de violência no local de trabalho? A tecnologia fornece meios para resolver problemas de violência no local de trabalho? A tecnologia permite que os problemas de violência no local de trabalho afectem outras áreas do direito do trabalhador para além do local de trabalho? A tecnologia ajuda no tratamento médico dos trabalhadores que sofrem de problemas de violência? A tecnologia está especialmente habilitada e configurável para ajudar as vítimas de violência no local de trabalho? A tecnologia está suficientemente equipada com caraterísticas configuráveis para monitorizar alegados casos de violência no local de trabalho? O que se pode dizer sobre a frequência e a intensidade da ocorrência de violência no local de trabalho com a utilização da tecnologia? A tecnologia apresenta meios para avaliar a gravidade dos problemas de violência no local de trabalho? A tecnologia é suficientemente apta para identificar falsas acusações de violência no local de trabalho? Quais são as observações sobre a violência no local de trabalho com a utilização da tecnologia no que diz respeito ao género, raça, grupos etários e outras classificações de pessoas? Quais são as opiniões dos peritos e das pessoas influentes sobre a questão da violência no local de trabalho através da tecnologia? Como é que as pessoas comuns encaram esta questão? O que é que se pode dizer sobre os diferentes tipos e montantes de custos em que as empresas envolvidas incorrem com questões de violência no local de trabalho ao longo da tecnologia? Sucessivamente, pode a tecnologia oferecer contenção de custos para questões de violência no local de trabalho? A tecnologia oferece recursos para governar, regular e até mesmo recuperar a produtividade após um problema de violência no local de trabalho? Quais são as leis relevantes que acompanham as caraterísticas da violência na tecnologia? Existem recursos de auditoria que ajudem a resolver os problemas de violência nas instalações tecnológicas? Quais são as caraterísticas que os organismos reguladores incentivam ou mesmo impõem à tecnologia para resolver os problemas de violência? Apresentar estudos de casos de problemas de violência relacionados com a tecnologia em todo o mundo.

- Quais são as formas de alterações de comportamento que a utilização da tecnologia pode provocar e que fazem parte da violência? Por outras palavras, que meios fornece a tecnologia para encorajar ou promover as seguintes formas de violência no comportamento?

i. Ameaças.

ii. Abuso verbal.

iii. Agressão física.

iv. Ato de homicídio.

v. Ameaças sexuais.

vi. Outras formas de mau comportamento.

- Quais são os meios que a tecnologia apresenta para a contenção comportamental no local de trabalho? Quais são os diferentes níveis de eficácia dessas estratégias de contenção? Como é que os peritos, incluindo psicólogos e peritos em tecnologia, encaram estes métodos de contenção? Como é que os trabalhadores finais percepcionam a utilização de tais medidas de contenção? Existem estudos de caso sobre esta matéria?

- De que forma pode a violência no local de trabalho afetar e envolver as seguintes pessoas?

i. Empregados.

ii. Clientes.

iii. Clientes.

iv. Visitantes.

v. A polícia

vi. Organismos reguladores.

vii. O poder judicial.

viii. Bem-estar e grupos de pressão.

ix. Organismos internacionais.

Existem estudos de caso documentados sobre esta matéria? Relatar os efeitos a curto, médio e longo prazo dessa violência no local de trabalho.

- Que efeitos tem a violência no local de trabalho fora do local de trabalho, por exemplo, nos seguintes subdomínios?

i. Vida social.

ii. Vida pessoal.

iii. Vida conjugal.

iv. Vida parental.

v. Vida religiosa.

- Numa perspetiva mais alargada, como é que a noção de violência no local de trabalho tem vindo a evoluir ao longo dos anos com a tecnologia e as suas actualizações e complementos?

3.2 Zonas de risco.

- A violência pode ocorrer em qualquer lugar, a qualquer momento e todos estão em risco. Existem vários factores que podem aumentar o risco de violência para determinados trabalhadores ou em determinados locais de trabalho. Os factores incluem empregos que envolvem a troca de dinheiro com o público e locais onde se tem de trabalhar com pessoas voláteis e instáveis. Os locais onde se tem de trabalhar sozinho ou em sítios isolados também são vulneráveis.
- Em que medida, em diferentes locais, a tecnologia contribuiu para a noção de

que "a violência pode ocorrer em qualquer lugar, a qualquer momento e todos estão em risco"? Quais são os limites dos locais onde a violência pode chegar através das comodidades tecnológicas? A violência no local de trabalho pode chegar a casas, autocarros, comboios e outros locais através da tecnologia? O que se pode dizer sobre os intervalos de tempo em que a violência pode ser exercida através da tecnologia? Este intervalo de tempo é fortemente influenciado pelas secções em linha através da tecnologia; será que os serviços em linha combinados com a tecnologia contribuem para que a violência ocorra a qualquer momento ou, pelo menos, dão a perceção de que é pertinente a todo o momento? O que se pode dizer sobre o leque de pessoas expostas à violência através da tecnologia? Existem estudos de caso sobre a questão de "a violência pode ocorrer em qualquer lugar, a qualquer momento e todos estão em risco" através da tecnologia? Existem classificações de riscos em áreas propensas à violência através da tecnologia? Quais são as opiniões de especialistas e pessoas influentes sobre a noção de "a violência pode ocorrer em qualquer lugar, a qualquer momento e todos estão em risco"? Existem normas e diretrizes bem estabelecidas para conter esses riscos de violência ao longo das infra-estruturas tecnológicas? Até que ponto se pode argumentar que a tecnologia ajuda a evitar que "a violência ocorra em qualquer lugar, a qualquer momento e que todos estejam em risco" na comunidade?

- Como é que a noção de "a violência pode ocorrer em qualquer lugar, a qualquer momento e todos estão em risco" tem vindo a evoluir ao longo dos anos e das sucessivas gerações da tecnologia? Quais têm sido os pareceres e relatórios das forças policiais sobre esta matéria?
- Que factores, que aumentam o risco de violência para determinados trabalhadores ou em determinados locais de trabalho, são contribuídos ou mesmo agravados pela tecnologia em estudo? Existem meios para avaliar esses factores em relação à tecnologia? Como é que estes factores evoluíram ao longo dos anos e das sucessivas versões da tecnologia?
- Um dos factores identificados é a troca de dinheiro com o público. Quais são as novas formas de troca que podem ocorrer na era cibernética para além do dinheiro em numerário? Quais são as novas formas de dinheiro, como a moeda criptográfica, que podem ter surgido com a tecnologia? Quais são os novos métodos e plataformas de intercâmbio com o público que surgiram com a tecnologia? O que é que se pode dizer sobre os métodos de regulação dessas novas formas de intercâmbio, novas formas de dinheiro e novas plataformas de intercâmbio? A tecnologia fornece meios para essa regulamentação? Quais são as leis que regem esses métodos de troca? O que é que se pode dizer sobre o

leque de pessoas com quem essas trocas podem ser efectuadas? Existem informações conhecidas sobre a frequência destas trocas em diferentes locais do mundo? Faça um relatório sobre os estudos de casos em causa sobre esta matéria. Quais são as opiniões dos peritos e das pessoas influentes sobre estas formas modernas de intercâmbio? Como é que as pessoas comuns encaram estas formas modernas de intercâmbio através da tecnologia? A tecnologia moderna traz mais segurança, privacidade, fiabilidade, estabilidade e outras caraterísticas semelhantes em matéria de trocas de dinheiro?

- Como é que a tecnologia afecta os locais onde as pessoas têm de trabalhar? A tecnologia ajuda a trabalhar com pessoas voláteis e instáveis? A tecnologia ajuda a trabalhar com outros tipos de pessoas difíceis? A tecnologia ajuda na monitorização de pessoas voláteis e instáveis? A tecnologia permite o registo e o acompanhamento das relações com pessoas voláteis e instáveis? Como é que a tecnologia afecta as formas de trabalhar sozinho em locais isolados? A tecnologia traz novas formas de vulnerabilidade aos locais de trabalho? Como se processaram as mudanças nos locais de trabalho ao longo dos anos com as sucessivas versões da tecnologia? A tecnologia oferece novas formas de controlo dos locais de trabalho? Quais são as leis ou mesmo as recomendações da polícia sobre locais de trabalho tão sensíveis?
- Os locais de prestação de serviços e cuidados e os locais onde é servido álcool podem também aumentar a ocorrência potencial de violência. Trabalhar até tarde da noite ou em zonas com elevadas taxas de criminalidade é também mais suscetível de ser alvo de violência.
- Como é que a tecnologia afectou os locais de prestação de serviços e cuidados? A tecnologia tornou esses locais mais seguros contra a violência ou mais vulneráveis? Quais são os estudos de caso correspondentes sobre o assunto? Existem diretrizes específicas formuladas para regular a implementação da tecnologia nos locais de prestação de serviços e cuidados? A assistência tecnológica nesses locais é considerada útil pelo público, pelos funcionários, pela polícia e pelos peritos na matéria? Quais são os custos de funcionamento e os custos ocultos da utilização da tecnologia nos locais de prestação de serviços e de cuidados? Como é que a classificação da violência é normalmente feita nesses locais?
- Como é que a tecnologia afectou os locais onde é servido álcool ou onde é permitido fumar cigarros e outras substâncias? Mais uma vez, a tecnologia tornou esses locais mais seguros contra a violência ou mais vulneráveis? Que vulnerabilidades específicas foram criadas pela tecnologia nesses locais? Quais são os estudos de caso correspondentes sobre esta matéria? Quais são as

diretrizes específicas que regem a implementação da tecnologia em locais que servem bebidas alcoólicas e permitem o consumo de cigarros? A assistência tecnológica nestes locais, normalmente perigosos, é considerada útil ou mesmo necessária pelo público, pelos empregados, pela polícia e pelos peritos na matéria? Como podem ser avaliados os custos de funcionamento e os custos ocultos da utilização da tecnologia nesses locais? Quais são as diferentes classificações habituais da violência nestes locais?

- Quais são as considerações que a tecnologia traz ao trabalho noturno e às zonas com elevadas taxas de criminalidade? Apoie as suas respostas com estudos de casos adequados aplicáveis a vários países. A tecnologia tem sido associada a um aumento ou a uma diminuição das taxas de criminalidade nos locais designados? De um modo geral, qual é a aceitação da tecnologia pelos trabalhadores que trabalham até tarde da noite ou em zonas com elevados índices de criminalidade?
- Os trabalhadores que trocam dinheiro com o público, os motoristas de entregas, os profissionais de saúde, os agentes de atendimento ao cliente, os trabalhadores dos serviços públicos, os agentes da autoridade e os que trabalham sozinhos ou em pequenos grupos correm maiores riscos.
- Em geral, quais são as considerações específicas da tecnologia utilizada pelos seguintes trabalhadores?

i. Condutores de entregas.

ii. Profissionais de saúde.

iii. Agentes de serviço ao cliente.

iv. Trabalhadores dos serviços públicos.

v. Pessoal de aplicação da lei.

vi. As pessoas que trabalham sozinhas ou em pequenos grupos.

3.3 Medidas preventivas.

- O risco de agressão pode ser evitado ou minimizado se os empregadores tomarem as devidas precauções. Uma política de tolerância zero para a violência no local de trabalho é uma boa maneira de começar.
- Quais são as formas de agressão que são possíveis com ou em conjunto com as comodidades tecnológicas? Quais são os meios de prevenção da violência que a tecnologia proporciona? Quais são os meios de minimização do impacto da

violência que a tecnologia apresenta? Até que ponto estes meios podem ser considerados eficazes por peritos, utilizadores comuns e forças policiais? Quais são os métodos de precaução aplicáveis à tecnologia? Com que frequência esses métodos são revistos e actualizados nos diferentes países? Qual é a facilidade com que os trabalhadores aprendem esses métodos de precaução e os aplicam continuamente de uma forma não perturbadora? Quais são os custos correntes e ocultos da aplicação de tais medidas preventivas? Que percentagem de trabalhadores aplica com êxito os diferentes níveis de precauções que se aplicam à tecnologia? Existem classificações válidas que se apliquem às precauções definidas para a tecnologia? Existem estudos de caso aplicáveis relativamente às precauções aplicadas à tecnologia e às suas taxas de sucesso? Como é que os peritos, os trabalhadores, as pessoas comuns, as forças policiais e qualquer outro grupo interessado percepcionam as precauções que estão a ser transmitidas ao longo da tecnologia? Existem conjuntos múltiplos/diferentes de precauções, possivelmente conflituosos, que foram transmitidos relativamente à tecnologia? Como são normalmente efectuadas as validações e auditorias dos conjuntos de precauções transmitidos?

- Como é que uma política de tolerância zero para a violência no trabalho pode ser implementada sobre ou em conjunto com a tecnologia? Para além de uma política de tolerância zero, existem outras formas de começar, que a tecnologia proporciona? Qual a eficácia da política de tolerância zero para a violência no local de trabalho? Para apoiar a política de tolerância zero, que meios fornece a tecnologia para detetar/prevenir, comunicar e prestar assistência em questões de violência no local de trabalho?
- Ao ter em consideração os seus locais de trabalho, os empregadores podem descobrir os métodos para reduzir a probabilidade de ocorrência de incidentes. Um Programa de Prevenção da Violência no Local de Trabalho bem redigido e implementado, combinado com controlos de engenharia, controlos administrativos e formação, pode ajudar a reduzir os problemas de violência no local de trabalho.
- Em que medida os métodos de redução da probabilidade de ocorrência de incidentes se baseiam no apoio tecnológico, nomeadamente na tecnologia em estudo? Em que medida a tecnologia auxilia no programa de prevenção da violência?

i. Bem escrito.
ii. Aplicação.

Qual é o êxito das duas formas de assistência acima referidas? Apoie as suas respostas com estudos de casos. Com que facilidade é que a tecnologia se combina com os seguintes factores para reduzir os problemas de violência no local de trabalho?

i. Controlos de engenharia.

ii. Controlos administrativos.

iii. Formação.

Qual é o grau de sucesso dos 3 acima referidos? Relate também estudos de casos pertinentes. Em que medida é que a tecnologia influencia os métodos de gestão nos locais de trabalho? Como é que os peritos, os trabalhadores a nível operacional e os educadores percepcionam as 3 combinações acima referidas? Quais são as leis associadas que ajudam?

3.4 Tipos de comportamentos agressivos.

- Podemos classificar o comportamento agressivo em 3 tipos: Comportamento perturbador, Comportamento ameaçador e Comportamento violento.

3.4.1Comportamento disruptivo.

- Perturba o ambiente normal do local de trabalho. Os comportamentos perturbadores podem incluir gritos, palavrões, acenar com os braços, gestos de soco, insultos verbais a colegas e recusa de resposta a um pedido legítimo de informações.
- Pode a normalidade de um ambiente de trabalho ao longo da tecnologia ser aceitavelmente bem definida? E, por conseguinte, quais são as suas dificuldades? Quais são as noções de ambiente de trabalho normal expressas pelos trabalhadores, gestores, visitantes, polícia e organismos reguladores ao longo da tecnologia na era cibernética? Quais são as caraterísticas da tecnologia para controlar e corrigir a "normalidade" que está a ser definida e aplicada na empresa? Como é que a tecnologia ajuda a detetar e identificar a "anormalidade" qualificada como comportamento perturbador no local de trabalho? Como é que a tecnologia ajuda a classificar o comportamento disruptivo? Como é que cada um dos seguintes comportamentos perturbadores se manifesta na tecnologia em estudo?

i. Palavrões.

ii. A gritar.

iii. Acenar com os braços.

iv. Gestos de soco.

v. Abusar verbalmente dos colegas.

vi. Recusa de resposta a um pedido legítimo de informações.

Quais são as novas formas de expressão de comportamentos perturbadores em relação a cada uma das 6 formas acima mencionadas, que surgiram ao longo da tecnologia? Os exemplos incluem palavrões na linguagem das conversas, emojis aos gritos, acenar com imagens holográficas, abuso verbal em videoconferências e audioconferências e recusa em responder a e-mails, chamadas telefónicas e mensagens curtas, etc. Existem normas adequadas definidas para evitar ou mesmo conter elementos de comportamento perturbador no local de trabalho? Quais são as opiniões dos peritos, incluindo linguistas, psicólogos e terapeutas comportamentais, sobre os 6 elementos acima referidos ao longo da tecnologia? Quais são as opiniões dos peritos em tecnologia sobre a viabilidade da prevenção e contenção das caraterísticas do comportamento disruptivo ao longo da tecnologia? Existem lacunas identificadas em tais métodos de contenção ao longo da tecnologia? Existem novas formas de comportamento nas gerações mais jovens que são consideradas inofensivas pelas pessoas mas que a tecnologia pode estar a interpretar mal? Quais são as formas de acompanhamento dos comportamentos perturbadores que a tecnologia permite? Quais são as formas de evolução dos seis principais comportamentos disruptivos ao longo dos anos e das sucessivas gerações da tecnologia? Quais são as influências externas do comportamento disruptivo, por exemplo, dos filmes, de que a tecnologia pode ser considerada portadora? Existem novas formas de comportamento ao longo da tecnologia que podem ser consideradas como comportamentos disruptivos, por exemplo, ao longo de coisas automáticas e suplementos de IA? Qual é a frequência dos comportamentos disruptivos associados à tecnologia nos locais de trabalho?

3.4.2 Comportamento ameaçador.

- Inclui aproximar-se muito de uma pessoa de forma agressiva ou fazer ameaças orais ou escritas a pessoas ou bens.
- Quais são as noções de comportamento ameaçador concebidas pelos trabalhadores, gestores, visitantes, polícia e organismos reguladores ao longo da tecnologia em estudo? Como é que a tecnologia ajuda a detetar e identificar "comportamentos ameaçadores" nos locais de trabalho? Como é que a tecnologia pode ser utilizada para ajudar a classificar o comportamento ameaçador das pessoas? A tecnologia traz novas formas de expressão de

ameaças, como em robots, avatares e outros? Como é que cada um dos seguintes comportamentos ameaçadores se manifesta na tecnologia em estudo?

i. Aproximar-se muito de uma pessoa de forma agressiva.

ii. Fazer ameaças orais/verbais a pessoas.

iii. Fazer ameaças escritas a pessoas.

iv. Outras formas de expressar ameaças a pessoas.

v. Fazer ameaças orais/verbais a bens.

vi. Fazer ameaças escritas a bens.

vii. Outras formas de expressão de ameaças à propriedade.

Quais são as novas formas de expressão do comportamento ameaçador em cada uma das sete caraterísticas acima explicadas, que surgiram ao longo da tecnologia? Isto pode abranger a expressão através de chat, emojis, gestos e avatares, entre muitos outros. Existem normas e métodos adequados definidos para prevenir ou mesmo conter elementos de comportamento ameaçador no local de trabalho ou mesmo em locais públicos? Quais são as opiniões dos peritos, incluindo psicólogos, forças policiais e advogados, sobre os sete elementos acima referidos ao longo da tecnologia? Como é que os peritos em tecnologia consideram a viabilidade e a possibilidade de implementação de métodos de prevenção e contenção de comportamentos ameaçadores através da tecnologia? Existem novas formas de comportamento ameaçador nas gerações mais jovens que eram desconhecidas das gerações anteriores? Quais são as formas de evolução das sete principais caraterísticas do comportamento ameaçador acima identificadas? Quais são as formas de acompanhamento dos comportamentos ameaçadores que a tecnologia pode permitir? Quais são as evoluções distintivas que os sete comportamentos de ameaça acima referidos sofreram ao longo dos anos e das sucessivas gerações da tecnologia? Que influências externas de natureza ameaçadora, por exemplo, de filmes, do TikTok e do YouTube, podem ser transferidas para a tecnologia? Outras caraterísticas, como a automatização e os suplementos de IA, introduzem novas formas de comportamentos ameaçadores na tecnologia? Com que frequência ocorrem comportamentos ameaçadores com a tecnologia nos locais de trabalho?

- Existem outras ou mesmo novas formas de entidades, para além das pessoas, às quais essas ameaças podem ser expressas, por exemplo, animais, robôs, ciborgues e outras entidades em tecnologias emergentes? Quais são as novas formas de propriedade que a tecnologia criou? Os exemplos podem incluir moedas criptográficas, lagos de dados, activos digitais, etc. Consequentemente, existem novas formas de ameaças que foram concebidas para essas formas modernas de propriedade? Existem estudos de caso sobre essas formas modernas de ameaças aos activos digitais? A tecnologia traz formas modernas de pôr em prática as ameaças? Quais são as opiniões dos peritos sobre as ameaças aos bens digitais modernos e a frequência e gravidade das suas ocorrências?

3.4.3 Comportamento violento.

- Inclui agressões físicas, que podem ser desarmadas ou armadas? Inclui também qualquer ação que uma pessoa razoável considere potencialmente violenta. Por exemplo, atirar objectos, bater numa secretária ou numa porta, partir objectos no local de trabalho ou ameaçar ferir ou disparar contra outra pessoa são comportamentos violentos.
- A tecnologia introduziu novos métodos de agressão física? Por exemplo, hardware novo ou dispositivos e equipamentos inteligentes modernos. A tecnologia consiste inerentemente em armas? Ou será que algumas das suas caraterísticas podem ser incorretamente utilizadas como armas? A posse da tecnologia ou o uso dos seus componentes constitui um porte de armas? O conhecimento e a compreensão da utilização indevida da tecnologia como arma foram bem conduzidos e documentados? Existem diretrizes boas e exequíveis para prevenir e limitar os comportamentos violentos nos locais de trabalho? Quais são as noções de comportamento violento concebidas por diferentes categorias de pessoas, como trabalhadores, gestores, peritos, agentes da polícia, advogados, etc.? Quais são as opiniões dos peritos em tecnologia relativamente à viabilidade da prevenção e contenção do comportamento violento com a tecnologia em debate? Quais são as novas formas de comportamento violento que a nova geração pode manifestar através da tecnologia? Quais são as formas de acompanhamento de comportamentos violentos que a tecnologia pode permitir? Quais são as principais caraterísticas da evolução do comportamento violento ao longo das sucessivas gerações da tecnologia e dos anos de aplicação? Que influências externas se associam à tecnologia para dar origem a comportamentos violentos nas pessoas? Para além das pessoas, que outras entidades, como os sistemas automatizados conscientes do contexto, os robôs e os componentes de IA, juntamente com a tecnologia ou a ela acrescentados, podem apresentar comportamentos potencialmente violentos? Apresentar estudos de casos sobre comportamentos violentos no domínio da tecnologia, bem como a frequência e a gravidade das suas ocorrências em todo o mundo?
- Como é que as seguintes formas tradicionais de comportamento violento se

podem refletir na tecnologia?

i. Atirar coisas.

ii. Ponding numa secretária ou numa porta.

iii. Esmagar objectos no local de trabalho.

iv. Ameaçar magoar.

v. Ameaçar matar uma pessoa.

Que novas formas de comportamento podem ser acrescentadas à lista acima?

3.5 Como lidar com os conflitos?

- De um modo geral, o método para lidar com os problemas de desempenho dos trabalhadores ou com os conflitos interpessoais inclui

- ▶ A intervenção rápida é a chave. Deixar que os problemas se proliferem é uma receita para a violência.
- ▶ É aconselhável consultar o departamento de recursos humanos da empresa para saber qual o papel correto a desempenhar no tratamento da situação.
- ▶ Determinar todos os factos da situação. Esta informação deve ser obtida junto de todas as partes envolvidas no conflito.
- ▶ Definir expectativas claras quanto à necessidade de uma resolução rápida do conflito.
- ▶ Quando todas as partes tiverem chegado a acordo sobre uma solução, é necessário acompanhar a sua aplicação e voltar a envolver-se.

- Como é que a tecnologia pode ajudar a intervir rapidamente em casos de problemas com os trabalhadores? Qual a eficácia dessa assistência numa intervenção rápida? Apoie as suas respostas em estudos de casos relevantes? Existem sequências de funcionamento da tecnologia que podem ser qualificadas como potenciadoras de um problema? Em que medida é que esta intervenção rápida pode ser automatizada ou mesmo assistida por IA? Que quantidade de intervenção manual é normalmente necessária? Quais são os padrões de intervenção rápida que podem ser propostos pela tecnologia? Como é que os meios tecnológicos para essas intervenções rápidas são percebidos por diferentes classes de pessoas, como trabalhadores, gestores, polícias, etc.? O método de intervenção rápida altera os métodos de gestão? Esta pergunta é seguida de perto por "Em que medida?". É possível que esta intervenção rápida possa causar violações de outras secções da ética?

- Como é que a tecnologia pode ajudar a verificar com o departamento de RH da empresa qual o papel adequado para lidar com as situações? Pode a tecnologia, nas suas capacidades inerentes ou adicionais, formular os papéis adequados para lidar com as situações? A tecnologia permite a verificação com outros departamentos ou fontes para determinar as funções adequadas necessárias? A tecnologia permite manter registos de quem consultou essas fontes, em que momento e para que fins? A tecnologia permite um guia adequado para a pessoa que efectua a investigação? A tecnologia permite uma formulação abrangente da experiência de lidar com situações decorrentes desses controlos regulares?

- Como pode a tecnologia ajudar a determinar todos os factos de uma situação? Como é que a tecnologia permite obter as boas caraterísticas necessárias das informações produzidas ao determinar os factos de uma situação? Pode a tecnologia ajudar a verificar a veracidade e a exatidão dos factos recolhidos numa situação? Como é que a tecnologia pode ajudar a obter informações de todas as partes envolvidas no conflito?
- Quais são as ajudas fornecidas pela tecnologia no que diz respeito à definição de objectivos claros para resolver rapidamente um conflito? A tecnologia permite manter registos desses objectivos definidos para servir de fonte de experiência para situações futuras?
- Como é que a tecnologia pode ajudar as partes a chegarem a um acordo necessário para uma solução? Quais são os níveis e as taxas de sucesso dessa assistência, de acordo com publicações estatísticas e estudos de casos relevantes? Como é que a tecnologia pode ajudar a monitorizar a implementação da solução requerida e a envolver-se novamente quando necessário?

3.6 Sinais de alerta.

- Considera-se que é bom estar sempre atento aos possíveis sinais de alerta de uma provável violência no local de trabalho.
- A um nível mais elevado de consideração, como é que a tecnologia pode ajudar na noção de "sempre

estar atento aos sinais de alerta de uma provável violência no local de trabalho?

- Os sinais de comportamento problemático incluem

- Estar aborrecido com um incidente profissional ou pessoal recente.
- Comportamento suspeito.

- Aparecer despreparado no trabalho.
- Afastamento do trabalho normal e das actividades pós-laborais.
- Gritar ou ser verbalmente abusivo para com os outros.
- Não seguir as diretivas de um supervisor.
- Culpar os trabalhadores pelos problemas no trabalho ou em casa.
- Desconfiar dos outros.
- Ter rancores.
- Consumir álcool ou apresentar-se ao trabalho embriagado.
- Ter uma ligação romântica inadequada no local de trabalho.
- Seguir um supervisor ou colega.
- Ameaçar tomar medidas violentas contra um supervisor.
- Desenvolver um fascínio invulgar por armas.
- Ser multado ou condenado por um ato violento fora do trabalho.
- Revelar planos para magoar ou atacar pessoas no trabalho.
- Fazer exigências ou pedidos ilegítimos.
- Apontar o dedo a alguém, como se o visasse.

- Como é que a tecnologia pode ajudar a detetar uma pessoa perturbada ou com qualquer outro estado de espírito no trabalho ou em locais públicos? A que referências da pessoa recorre a tecnologia para efetuar essa deteção? Qual o grau de fiabilidade destes mecanismos de deteção? Qual a utilidade desses mecanismos de deteção de perturbações ou de outros estados de espírito, de acordo com estudos de casos relevantes? Há casos em que a assistência tecnológica para tais caraterísticas tenha criado mais problemas? A tecnologia mantém registos dessa deteção e faz o processamento do perfil da pessoa nas suas costas? Como é que os gestores e outros trabalhadores encaram a utilização da tecnologia para detetar o "mau humor" das pessoas? Qual é a perceção dos trabalhadores sobre o assunto? Como é que a funcionalidade de tal deteção afecta o ambiente de trabalho? A tecnologia é suficientemente poderosa para relacionar a perturbação com um incidente pessoal? Esta sequência de raciocínio aplica-se a todos os sinais sucessivos de comportamento problemático.
- Quais são os traços definidores de comportamentos suspeitos no local de trabalho que podem ser implementados na tecnologia para efeitos de monitorização de pessoas? Existem possibilidades de detetar "falsos positivos"

de comportamentos suspeitos?

- Como pode a tecnologia reconhecer de forma fiável uma pessoa que se afasta do trabalho normal e das actividades pós-trabalho?
- Como é que a tecnologia pode reconhecer e localizar de forma fiável uma pessoa que grita ou é verbalmente abusiva?
- Como pode a tecnologia ajudar a seguir as diretivas do supervisor e verificar se os trabalhadores estão ou não a cumprir as diretivas do supervisor?
- Como pode a tecnologia ser ajustada para detetar formas de culpa e reconhecer/correlacionar essas culpas em casa ou no trabalho?
- A forma de "desconfiar dos outros" parece complicada. Quais são as probabilidades de o implementar através da tecnologia?
- Como pode a tecnologia detetar a presença de álcool numa pessoa ou atitudes de embriaguez? Isto pode ser feito pessoalmente, em linha, através de telefonia/conferências áudio e vídeo ou de qualquer outra forma?
- Como pode a tecnologia ajudar a detetar ligações românticas ou quaisquer outras formas de ligações indesejáveis no local de trabalho? Essas ligações reflectem-se em linha?
- Quais são as formas de seguir um supervisor ou colega na era cibernética? Por exemplo, seguir fisicamente, seguir continuamente a localização GPS, seguir nas redes sociais e no YouTube, etc. Como é que a tecnologia pode ajudar a localizar essas formas indesejáveis de seguir pessoas?
- Como pode a tecnologia ajudar a detetar "ameaças de acções violentas contra um supervisor" no local de trabalho?
- A tecnologia pode ajudar na deteção de armas com trabalhadores? Como se pode detetar e seguir o fascínio invulgar por armas através da tecnologia?
- A tecnologia utilizada no local de trabalho pode rastrear informações sobre alguém que tenha sido multado ou detido por actos de violência fora do trabalho? É ética e juridicamente correto que os locais de trabalho tenham acesso a essas informações do sistema judicial?
- Como é que a tecnologia pode ajudar a detetar a divulgação de planos para ferir ou atacar pessoas no local de trabalho?
- Em que medida pode a tecnologia avaliar e detetar pedidos ou solicitações ilegítimos? Como é feita a validação correspondente?
- A tecnologia permite o rastreio e a comunicação de gestos inadequados, incluindo apontar o dedo a alguém (como se o visasse)?
- De um modo geral, como é que a tecnologia pode sintetizar e processar os múltiplos sinais de alerta de violência apresentados por alguém?
- As atitudes que podem sugerir acções potencialmente violentas incluem

- Desejo de ficar sozinho.
- Agir de forma moralmente superior ou hipócrita.
- Ter um sentimento de direito pessoal.
- Ser maltratado, sentir-se injustiçado ou vitimado.
- Acreditar que não existem outras opções para além da violência.

Como é que a tecnologia pode ajudar a avaliar uma pessoa como "desejando excessivamente ficar sozinha"? Como é que a tecnologia pode situar uma pessoa como "agindo moralmente superior ou presunçosa"? Como é que a tecnologia pode avaliar uma pessoa como "tendo um sentido de direito pessoal"? Como é que a tecnologia pode situar uma pessoa como "sendo maltratada ou sentindo-se injustiçada ou vitimizada"? Pode a tecnologia ajudar a identificar alguém que "acredita que não existem outras opções para além da violência"? Existem estudos de caso relevantes sobre as cinco atitudes que podem potencialmente levar a acções violentas, ao longo da tecnologia? Quais são as opiniões dos peritos sobre cada uma destas atitudes que se manifestam através da tecnologia? Existem normas adequadas para regular essas atitudes no local de trabalho? Que influências externas podem afetar ou conduzir a tais atitudes no local de trabalho? A tecnologia traz elementos de atenuação de tais problemas de atitudes no local de trabalho? Quais são as actividades de investigação e desenvolvimento que estão a ser realizadas com essa tecnologia para ajudar a resolver esses problemas?

- Conhecer a violência iminente e os comportamentos violentos pode ajudar a minimizar a ocorrência de violência no local de trabalho.

- Em que medida é que a tecnologia contribuiu para o aumento e a precisão dos conhecimentos sobre a violência e os comportamentos violentos? Em que medida é que a tecnologia contribuiu para minimizar a ocorrência de violência no local de trabalho e mesmo em locais públicos?

CAPÍTULO 4
CONCLUSÃO

4.1 Resumo deste manuscrito.

É lógico e amplamente aceite que a procura de uma ética correta numa sociedade deve continuar a ser um processo sem entraves, com esforços de muitas partes interessadas na investigação e no desenvolvimento. O mesmo se aplica à tecnologia. Reconhece-se que a ética não pode ser imposta à sociedade, nem as pessoas podem ser obrigadas a utilizar uma determinada tecnologia. Os direitos básicos de liberdade devem ser protegidos. É nesta linha que este estudo se enquadra como uma perspetiva visionária/académica da ética ao longo dos níveis imersivos da tecnologia na nossa vida quotidiana. Trata-se, de facto, da terceira parte após duas publicações anteriores [8][9].

Neste manuscrito, foi apresentado um conjunto de diretrizes sob a forma de perguntas para ajudar os estudantes e investigadores a realizarem os seus próprios estudos sobre as componentes éticas e os seus desafios ao longo da tecnologia em estudo. O conjunto de perguntas é considerado aberto e não é, obviamente, exaustivo, pelo que podem ser acrescentadas mais perguntas a esta lista para estudo.

4.2 Pressupostos considerados.

Todos os estudos se baseiam geralmente em determinados pressupostos viáveis. Os pressupostos para os leitores deste relatório incluem:

1. Espera-se que os leitores sejam versados em Ética introdutória e, de preferência, em Tecnologia (aqui, isto é fortemente enfatizado, embora não possa ser encaminhado como obrigatório), ou pelo menos sejam estudantes de qualquer uma destas áreas com uma cobertura bastante vasta das suas aplicações.
2. Espera-se que os leitores tenham um espírito aberto e que possam contribuir ainda mais, como investigadores, neste domínio.
3. O trabalho aqui apresentado é orientado para uma visão independente, em vez de ser tecnicamente orientado para a Ética ou qualquer desenvolvimento orientado para a tecnologia.
4. É possível e recomendada uma análise mais aprofundada das implicações da automatização da ética na tecnologia (como na IA).
5. Análise mais aprofundada das disparidades das taxas de evolução da ética e da tecnologia em estudo.

6. De preferência, é desejável uma visão das publicações anteriores do autor.

4.3 Estabelecimento de bases para trabalhos futuros.

O trabalho aqui apresentado abre perspectivas de mais trabalho, incluindo mas não se limitando às seguintes direcções possíveis:

1. Análise mais aprofundada dos princípios da ética empresarial e das suas implicações na tecnologia.

2. Análise de vários investigadores sobre as suas opiniões relativamente a outros princípios da ética empresarial.
3. Análise de estudos de casos de várias empresas do sector tecnológico.

4. Inquérito sobre a perceção dos clientes relativamente à escolha que lhes é oferecida.

5. Análise da evolução do ambiente empresarial em relação às tecnologias emergentes actuais e futuras.
6. Continuação da formulação de questões de estudo noutras disciplinas e desafios de ética relacionados com a tecnologia.

O que precede constitui apenas uma lista inexaustiva de possíveis estudos futuros relevantes, apresentados no presente relatório. Outros tópicos relacionados podem ser formulados e abordados em profundidade em estudos futuros.

Os estudos futuros podem também incluir inquéritos de campo e gerações de estatísticas relativas às percepções da ética sobre várias comodidades tecnológicas presentes no mercado, juntamente com a identificação de preconceitos e concepções erradas que muitas pessoas têm em diferentes países e em diferentes contextos, ou mesmo os preconceitos que as peças tecnológicas trazem para o quadro geral da continuidade das empresas mundiais.

REFERÊNCIAS

[1] https://study.com/academy/lesson/history-ethics-overview-timeline-facts-origin.html,last acedido em agosto de 2023.

[2] Dr. Galamali Mohammad Kaleem, "Shifting Business Ethics into Era of Technology - An
Academic Perspective for Ethical analysis of biases Possible with AI", LAP LAMBERT Academic Publishing - membro do grupo OmniScriptum S.R.L Publishing, Moldávia, 27 de agosto de 2023, ISBN : 978-620-6-78002-1.

[3] Dr. Galamali Mohammad Kaleem, "Ethics Analysis of 3 "Principles of Business Ethics" in Technology Era - Analysing "Service Before Profit", "Practice of Fair Business" and "Avoiding Monopoly"", LAP LAMBERT Academic Publishing - membro do grupo OmniScriptum S.R.L Publishing, Moldávia, 13 de novembro de 2023, ISBN : 978-620-6-84504-1.

[4] Dr. Galamali Mohammad Kaleem, "Ethics Analysis of Fulfilling Customer's Expectation in Technology Era - An Academic Analysis Perspective for Identifying Business Ethics Conflicts and Challenges", LAP LAMBERT Academic Publishing - membro do grupo OmniScriptum S.R.L Publishing, Moldávia, 21 de novembro de 2023, ISBN : 978-620-6-84672-7.

[5] Dr. Galamali Mohammad Kaleem, "Ethics Analysis of Consumers' Right to Choose in The Technology Era - An Academic Analysis Perspective for Identifying Business Ethics Conflicts and Challenges", LAP LAMBERT Academic Publishing - membro do grupo OmniScriptum S.R.L Publishing, Moldávia, 04 de janeiro de 2024, ISBN : 978-620-7-45708-3.

[6] Dr. Galamali Mohammad Kaleem, "Extending The Right to Choose in The Technology Era - An Academic Analysis Perspectives for People's and Business Needs to Identify Ethics Conflicts/Challenges", LAP LAMBERT Academic Publishing - membro do grupo OmniScriptum S.R.L Publishing, Moldávia, 10 de janeiro de 2024, ISBN : 978-620-7-45727-4.

[7] Business Ethics Tutorial (disponível para compra em versão PDF e depois para
impressão),https://www.tutorialspoint.com/business_ethics/business_ethics_pdf_version.htm,February 2022.

[8] Dr. Galamali Mohammad Kaleem, "Investigating Effects of Technology in Ethics Basics & Applications - An Academic Guidance Perspectives on Method of Studying Effects of Technology onto Ethics", LAP LAMBERT Academic Publishing - membro do grupo OmniScriptum S.R.L Publishing, Moldávia, 11 de março de 2024, ISBN : 978-620-7-47060-0.

[9] Dr. Galamali Mohammad Kaleem, "Investigating Effects of Technology in Ethics at Workplace - An Academic Guidance Perspectives on Method of Studying Effects of Technology onto Ethics", LAP LAMBERT Academic Publishing - membro do grupo OmniScriptum S.R.L Publishing, Moldávia, 30 de abril de 2024, ISBN: 978-620-7-48753-0.

Printed by Books on Demand GmbH, Norderstedt / Germany